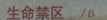

目录

目 录

怪异、迷幻、诡谲、恐怖、神奇……这是一片片神奇的净土，正是因为无人涉足，所以它们神奇，正是因为它们神奇，所以激荡着探险者的胸怀。是自然的鬼斧神工，还是人类的杰作？这些神秘的生命禁区、鲜为人知的地球秘境、不可思议的地质奇观、令人向往的世外桃源、奇特的重力旋涡，还有充满未知的禁区和那条谜团重重的北纬30度线，有没有激起你的好奇心？

● 生命禁区

万烟谷——地球上的月面 ＞

万烟谷位于美国阿拉斯加州西南阿拉斯加半岛北部卡特迈火山附近。面积145平方千米。属环太平洋火山地震带，火山活跃，地震频繁。1912年6月6日卡特迈火山猛烈喷发，顶端被炸毁崩塌，形成长4.8千米、宽3.2千米的火口湖，并在距卡特迈火山10千米处形成一座新火山——诺瓦拉普塔火山。巨大的火山喷出物直冲云霄，周围山谷被火山灰覆盖，厚达200米。山谷中的动植物被炽热的烟灰炭化。山谷中形成数万个喷气孔和烟柱，在火山灰堆积较薄和山谷的上部尤为密集。不断地从地下喷出大量炽热气体，有的气柱高达350米，在山谷上空形成巨大的烟雾层，经阳光照射，无数条彩虹色彩斑斓，极其壮丽。4年后，喷出的烟柱仍高45米，气温高达649℃，附近24平方千米范围内仍终年笼罩在水汽与火山烟中，万烟谷由此得名。后来，火山活动大为减弱，只剩12个喷气孔。植物又开始出现，并有灰熊、驼鹿出没。1918年辟为卡特迈国家名胜地。20世纪60年代，美国将千疮百孔、满目荒凉的万烟谷作为假想的月面。由此，万烟谷成为训练宇航员的基地，故有"地球上的月面"之称。

俄罗斯勘察加"死亡谷"——一切生灵的地狱 〉

该谷位于堪察加半岛的克罗诺基山区，此谷长2000米，宽只有100米到300米。人若走进这个山谷，很少能活着走出来。这里不但是人的死亡谷，也是野兽的死亡谷。据山区的一位守林员说，他曾目睹一只大狗熊闯进谷中觅食，不料进去不久，突然栽倒，一命呜呼。人如果不慎踏入死亡谷，同样难逃厄运。死亡谷附近村中的一个孩子在离山谷不远的山上采果子时，为了追赶一只漂亮的鸟跑进了山谷，从此再也没出来过。据统计，目前已有30多人先后在这座吃人的山谷里丧命。

但是，在距离这座死亡谷不到一箭之地有一村落，那里的农民却活得好好的。这个村和死亡谷之间并没有树林和山谷作为屏障，居民为何安然无恙？

黑竹沟——中国的百慕大 〉

黑竹沟位于乐山市峨边彝族自治县境内，美姑线山18千米处的密林深处，面积约180平方千米，生态原始、物种珍稀、景观独特神奇。当地乡名"斯豁"，即死亡之谷。曾被国内外舆论广泛称为"中国百慕大"。由于黑竹沟藏有不少未解开的"谜"，当地彝族和汉族把黑竹沟称为南林区的"魔鬼三角洲"。经中国森林风景评价委员会审议，黑竹沟2000年2月22日被国家林业局批准为国家级森林公园。

• 自然景观

黑竹沟地势雄险，景观绝妙，生态原始，物种珍稀，环境神奇，其森林景观丰富，自然景观独特，民族风情浓郁，加之种种神奇的传说，使黑竹沟闻名于世，具备得天独厚的森林公园开发条件，旅游开发价值巨大。

在沟内海拔2400米以上的山坡上部地带，分布有以"天眼""船湖""杜鹃池"为代表的10余处高山海子，水面面积最大的约200亩，湖光山色相映成趣，构成了优美的风光。沟内大大小小的奇瀑深潭不胜枚举，在崇山峻岭和密林深谷中奔腾咆哮，其形如雪涛奔涌、滚滚而下，其声

如万马奔腾、千军呐喊，形成黑竹沟森林公园极为壮观的动态水景景观。

沟内因高山众多，高度均在著名的峨眉山之上，能见到云海、佛光、日出日落等奇异景象。季节差异的山地气候景观，冬季在公园海拔 2200 米以上，积雪覆盖，千姿百态的雪凇、雾凇、冰挂、冰凌等，构成了冬季景观一绝。

• 未解之"谜"

黑竹沟，至今能亲临其境的旅游者甚少，由于媒体的披露，人们时有所闻，它以其新、奇、险的特点，吸引着为数众多的摄影家、科学家组成的考察队深入其中探险揭秘。有人说她是"恐怖魔沟"，有人说她是"中国的百慕大三角"，又有人说她是一条普普通通的小山沟，不管怎么说，黑竹沟是一块有争议的处女地。黑竹沟位于峨眉山西南 100 多千米的峨边彝族自治县，地跨斯和镇、勒乌乡和金岩乡，面积 180 多平方千米，它是四川盆地与川西高原、山地的过渡地带，境内重峦叠嶂，溪涧幽深，迷雾缭绕，给人一种阴沉沉的感觉，这里地理位置特殊，自然条件复杂，生态原始，加之彝族古老的传说和彝族同胞对这块神奇土地的崇拜，并曾出现过数次人畜进沟神秘失踪现象，于是给人一种神秘莫测之感，也产生了众多的令人费解之谜。1997 年，四川省林业厅的两位工作人员进入峡谷后，再也没有回来。2006 年，川南林业局组成调查队再次探险黑竹沟，他们在关门石前约 2000 米处放入猎犬，可是好久都不见猎犬回来。向导急了，对着天空大喊，霎时阵阵浓雾滚滚而出，队员们近在咫尺却看不到彼此，只好停止探险。

• 神秘失踪之谜

　　人畜进入黑竹沟屡屡出现失踪和死亡事件，早有所闻，很多媒体也都披露过，人进去后是怎样失踪的，很多原因至今还是个谜。据不完全统计，自 1951 年至今，川南林业局、四川省林业厅勘探队、部队测绘队和彝族同胞曾多次在黑竹沟遇险，其中 3 死 3 伤，2 人失踪。据当地的彝族长者介绍，1950 年，国民党胡宗南残部 30 余人，仗着武器精良，穿越黑竹沟，入沟后无一人生还，因此，这里留下了"恐怖死亡谷"之说。

　　彝族祖籍之谜：这是一个值得考证的谜。现在斯和镇原名叫斯豁，彝语为"打摆子而死"之意。当地彝族同胞广为流传：在死亡谷最险地段——石门关其上部开阔的谷地便是他们祖先住过的地方，"祖训"不能入内，否则会遭灾。石门关是黑竹沟的腹地，曾有不少探险队历尽艰辛，最终也未能深入石门关这块险恶地带。当地有"猎户入内无踪影，壮士一去不回头"的传说。

• 纬度之谜

黑竹沟所处的纬度和耸人听闻的百慕大三角、神奇无比的埃及金字塔相似，这被探险家称为"死亡纬度线"。黑竹沟的最高峰——马鞍山主峰东侧，有一座海拔3998米的山峰，其上部成三棱形，酷似埃及金字塔，在红光照耀下，金光四射，形成一个神奇无比的梦幻世界，成为一座以假乱真的耀眼金山，"金字塔"是黑竹沟两大水系的分水岭，发源于北面的三岔河与南面的罗索依达河，就像"金字塔"伸出的两条玉臂，把整个黑竹沟区域的腹心地带紧紧环抱。黑竹沟"金字塔"不仅具有极高的科考价值，而且是极为难得的观景台，旅游者站在金字塔之上，近可将古冰川遗迹冰斗、角峰、U形谷等景观一览无遗，远可望日出、云海、佛光奇景，黑竹沟全貌尽收眼底，"金字塔"脚下的万顷杜鹃花白色的、淡红色的花团锦簇，成为黑竹沟又一奇观，杜鹃花的种类极为丰富，花期长，色彩艳丽，把黑竹沟装扮得五彩缤纷。

• 野人之谜

黑竹沟有野人之说，也是个谜。据说1974年10月勒乌乡村民冉千布干曾亲眼见到高约2米，脸部与人无二，浑身长满黄褐色绒毛的雄性巨物——野人，后来，当地群众曾发现野人的踪迹，当地人对"野人"的敬畏超过对山神的敬畏，称之为"诺神罗阿普"，意为"山神的爷爷"，许多人至今说到野人仍然心有余悸，黑竹沟有一个地名就叫"野人谷"。

• 幽谷奇雾之谜

黑竹沟由于山谷地形独特，植被茂盛，再加之雨量充沛，湿度大，山雾是这里的特色，经常是迷雾缭绕，浓雾紧锁，使沟内阴气沉沉，神秘莫测，此处的山雾千姿百态，清晨紫雾滚滚，傍晚烟雾满天，时近时远，时静时动，忽明忽暗，变幻无穷，据当地彝族同胞讲，进沟不得高声喧哗，否则将惊动山神，山神发怒会吐出青雾，将人畜卷走，考察者分析，人畜入沟死亡失踪原因，迷雾造成的可能性很大，人畜进入这深山野谷的奇雾之中，地形又不熟，很难逃脱这死亡谷的陷阱。当地人和考察者总结出这样一个顺口溜"石门关，石门关，迷雾暗沟伴保潭；猿猴至此愁攀援，英雄难过这一关。"彝族同胞自豪地说：黑竹沟是一个金山银地，连雾也舍不得离，这里"盛产"的雾，扑朔离奇得像软绵绵的飘布，一旦深入其中，会把你包围，把你吞没。这里的雾为什么这样变幻莫测？为什么会导致伤亡？雾气会不会含有其他成分，这有待人们去研究。

• 动植物之谜

　　这块土地上有很多野生动物和植物。很多为世界稀有。有一种黑白相间、花纹成条状的大熊猫和另一种黑白相间呈圆状花纹的"花熊猫"更是稀有中之稀有。在考察路上，队员们经常见到各种野生动物奔跑，晚上露宿时，都得做好严密的防范措施，以免被野生动物伤害，人们都知道大熊猫食竹子，但这里的大熊猫食性不一样，经常跑到彝家山寨吃牛、羊和猪，吃完后还敢在寨子里呼呼大睡，大熊猫的食性变异有待专家去研究。这里曾有黑豹被彝族猎手捕捉过，据说这是在亚洲第一次发现黑豹。沟内还有许多未被人们发现的稀有野生动物，都有待动物专家去揭示。

　　这里的植物也十分丰富，百年古杉上寄生着野藤，有的直径可达3米，高达80多米，如同擎天巨扇，甚是壮观。花季来临，这里成了花的海洋，完全没有人为修饰的痕迹。大自然赐给这里的是原始，古朴和宁静，众多的稀有植物，如烘桐、水青树、青檀、自辛树、银叶挂、峨眉黄连等都属国家高等级保护种类，有很大的科学研究价值，大面积的高山草甸是人们很难看得到的。黑竹沟的植物起源古老，由于这里地形独特，受人类干扰极少，没有遭受第四纪冰川的袭击，故使许多古老植物得以保存下来，也给这里的植物繁衍提供了良好的自然条件。

"三箭泉"的古老传说

　　黑竹沟地区流传着许多古老神奇的传说，其中以"三箭泉"的传说最为美丽动人。传说远古时有一位名叫牛批的彝族大力士率众人在沟中打猎，他们在山中不知不觉喝完了所带的饮水，三天过后因又饥又渴，一个个都昏倒在地，隐约中，一位仙女来到牛批的身边对他说："英雄啊，请不要着急，鼓起勇气来，水是能找到的。"说完舞起彩带指着一处地方。牛批惊醒过来，顺着仙女指的方向望去，看到的是一堵陡岩，他迷惑了，但想起仙女的话，他毅然拉开神弓，连续射出三支神箭，刹时三股泉水从陡岩上喷涌而出，使众乡亲死里逃生。这三股泉从此就被称为"三箭泉"。

15

尼奥斯"杀人湖"——血染的灭顶之灾 〉

非洲喀麦隆的尼奥斯湖为火山湖，海拔1091米，平均水深200米，它的表面一望平川，而在500米深的湖底，却溶解了数十亿吨的二氧化碳和甲烷，并且浓度仍然在上升。1986年8月21日傍晚，喀麦隆北部尼奥斯湖突然喷发出一种刺鼻的气体。一瞬间，周围2000余人相继中毒身亡，数百人因此患病。

原来尼奥斯湖先前是个火山口，久未喷发，积水成泽，形成"火山湖"。1986年8月21日，尼奥斯湖所在的火山终于活动了，泄漏出带氰化氢及其衍生物的剧毒气体。大家知道，人只要嗅入微量的氰化氢就会造成呼吸神经麻痹，全身乏力，从而窒息致死。这天除人受毒气伤害外，湖边的一切动物和昆虫也都死光，湖岸上的绿草伏倒在地，树上的叶子也都枯萎脱落。

巴罗莫角——死亡的瞬间 >

巴罗莫角在加拿大北部的北极圈内，这个锥形半岛连着帕尔斯奇湖岸，被人们称为"死亡角"，距"上帝的圣潭"仅40千米，该岛的锥形底部连接着湖岸大约有3千米长。科学家认为巴罗莫角与世界上其他几个死亡谷极为相似，在这个长225千米、宽6.26千米的地带生活着各种生禽植物，而人一旦进入就必死无疑。

• 探险事例

这里人迹罕至，直到20世纪初，因纽特人亚科逊父子前往帕尔斯奇湖西北部捕捉北极熊。当时那里已经天寒地冻，小亚科逊首先看见了巴罗莫角，又看见一头北极熊笨拙地从冰上爬到岛上，小亚科逊高兴极了，抢先向小岛跑去，父亲见儿子跑了，紧紧跟在后面也向小岛跑去。哪知小亚科逊刚一上岛便大声叫喊，叫父亲不要上岛。亚科逊感到很纳闷，不知道发生了什么事情，但他从儿子语气中听到了恐惧和危险。他以为岛上有凶猛的野兽或者

土著居民,所以不敢贸然上岛。他等了许久,仍不见儿子出来,便跑回去搬救兵,一会儿就找来了6个身强力壮的中青年人,只有一个叫巴罗莫的没有上岛,其余人全部上岛去寻找小亚科逊,只是上岛找人的全找得没了影儿,从此消失了。

巴罗莫独自一人回去了,他遭到了包括死者家属在内的所有人的指责和唾骂。从此人们将这个死亡之角称为"巴罗莫角",再也没有谁敢去那座岛了。

几十年过去了,在1934年7月的一天,有几个法裔加拿大人誓要勇闯夺命岛。他们又一次登上了巴罗莫角准备探寻个究竟,他们在因纽特人们的注目下上了岛,随之听到几声惨叫,这几个法裔加拿大人像变戏法一样也蒸发掉了。

这一场悲剧引起了帕尔斯奇湖地区土著居民的极度恐慌,有人干脆迁往他乡,没有搬走的居民发现只要不进入巴罗莫角就不会有危险。

1972年美国职业拳击家特雷霍特、探险家诺克斯维尔以及默里迪恩拉夫妇共4人前往巴罗莫角。诺克斯维尔坚信没有他不敢去的地方,没有解不开的谜。4月4日,他们来到了死亡角的陆地边缘地带,并且在此驻扎了10天,目的是为观察岛上的动静。默里迪恩拉夫人是美国爱达荷州有名的电视台节目主持人,她拍摄了许多岛上的照片,从上面可以看到许多兔子、鼠、松鸡等动物,而且岛上树木丛生,

19

郁郁葱葱，丝毫看不出它的凶险之处。因此诺克斯维尔认为死亡角一定是当地居民杜撰出来或是他们的图腾与禁忌而已。

直到 4 月 14 日，他们开始小心向死亡角接近以免遭受不必要的威胁。拳击手特雷霍特第一个走进巴罗莫角，诺克斯维尔走在第二，默里迪恩拉夫人走在第三，他们呈纵队每人间隔 1.5 米左右慢慢深入腹地。一路上他们小心翼翼走着，不久就看见了路上的一架白骨，默里迪恩拉夫人后来回忆说："诺克斯维尔叫了一声：'这里有白骨！'我一听就站住了，不由自主地向后退了 2 步，我看见他蹲下去观察白骨，而走在最前面的特雷霍特转身想返回看个究竟，却莫名其妙地站着不动了，并且惊慌地叫道：'快拉我一把！'而诺克斯维尔也大叫起来：'你们快离开这里！我站不起来了！好像这地方有个磁场！'"默里迪恩拉说："那里就像科幻片中的黑洞一样，将特雷霍特紧紧吸住了无法挣脱，甚至丝毫也不能动弹。后来我就看见特雷霍特已经变了一个人，他的面部肌肉在萎缩，他张开嘴却发不出任何声音，后来我才发现他的面部肌肉不是在萎缩而是在消失。不到 10 分钟他就仅剩下一张皮蒙在骷髅上，那情景真是令人毛骨悚然，没多久他的皮肤也随之消失了。奇怪的是

他的脸上骨骼上不能看见红色的东西，就像被传说中的吸血鬼吸尽了血肉一样。站立着的诺克斯维尔也遭到了同样的命运，我觉得这是一种移动的引力，也许会消失，也许会延伸，因此我拉着妻子逃出来。"

1980年4月美国著名的探险家组织——詹姆斯·亚森探险队前往巴罗莫角，在这16人中有地质学家、地球物理学家和生物学家，他们对磁场进行了鉴定，还对周围附近的地质结构进行分析，没有在巴罗莫角找到地磁证明。

这次，亚森探险队的阿尔图纳不顾众人反对要做一个献身的试验，他在身上拴了一根保险带和几根绳子，又在全身夹了木板，然后视死如归地走向巴罗莫角，他与同伴约定只要他一发声大家就立即将他拖出险地。但这一次说来很怪，他一直走了近500米的路也未发生危险，只是后来大家怕一起陷入危险导致无谓死亡便将阿尔图纳强行拖了出来。

尽管这次探险仍未能为这一奇怪现象找到答案，但这个试验证明了当初默里迪恩拉的推测，即巴罗莫角的引力是移动的阵发。这个试验为以后的考察工作至少提供了可资借鉴的经验，阿尔图纳解释说："也许巴罗莫岛上的野生动物就是凭经验和本能掌握了这一规律，所以才得以逃离死亡生存下来。"这当然也包括如美国内华达与加利福尼亚相连处的死亡谷，还有印度尼西亚爪哇岛上的"死亡谷"。

• 谜团破解

为了彻底弄清楚巴罗莫角的杀人之谜。2009 年 6 月，由 20 多名多国科学家组成的科考队踏上了前去巴罗莫角的征程。这支科考队的带头人是美国国家地球物理协会的资深物理学教授霍克。

为了保险起见，霍克等人在来到巴罗莫角附近后并没有贸然上岛，而是先在旁边的水域驻扎下来。霍克首先用仪器对该地区的空气进行了探测，可并没有查出什么异样。地质学家们还对附近的地质结构进行取样分析，结果也是一切正常。随行的滑铁卢大学生物学博士布兰科坐不住了，为了采集岛上的动植物样本，他决定第一个上岛。

大家检测了布兰科带回的草本植物，发现根叶均未见异常。但土样中的镉、锌、铜、银等金属元素却超过了正常范围数十倍。但这个发现并不能解释杀人事件，科学家们决定用一些动物做实验。

这时，布兰科突然想起那天他闯入死亡角时，看见许多鸟儿在天上自由翱翔，因此他断定在高空也许是安全的。这一发现启发了霍克，他决定带领队员从直升机上往下放野兔，这样他们也可以在空中观测野兔的生理变化了。

前两次将野兔放下去，霍克等人等了很长时间并没有什么反应，第三次放下去没多久，负责拉绳子的人突然觉得绳子被什么力量牵引住了，那只野兔竟然怎么也拉不上来了！霍克惊诧地发现野兔周围的草木全都呈现出直立状，而那只野兔则一动不动呆在原地，通身的肉和皮毛开始消失，短短 5 分钟就只剩下一副白色的骨架。与此同时，绳子上的探测头传回的信息显示：磁场强度接近极限。

回到大本营后，科学家们赶紧对野兔的骨骼进行研究，发现骨头中本该有的一些水分和油脂完全消失了，呈现出一种干枯的状态，并有着极为严重的受磁迹象。经过测定，霍克等人初步判断巴莫罗角地区的超强磁场正是罪魁祸首。

• 无形的神秘"杀手"

实验如期开始，霍克教授在一个高压电子发生器上缠绕上千万伏的高电压电磁线圈，这些线圈可以在一个小箱体内发出超强磁场，与巴罗莫角的超强磁场很接近。工作人员打开了装有高压电子发生器的透明小箱子，小箱中的一只野兔活蹦乱跳，可是一通上电后，超强磁场立刻产生了巨大的摧毁性力量，野兔立刻全身僵直，不一会就皮肉尽失而死，只剩一副骨架。

霍克教授随后解释了巴罗莫角"杀人"的背后真相：正常的地磁是北极到南极的磁力变化，人类早已适应。但巴罗莫角地下含有大量导电性能极佳的金属元素，并且紧挨北极，这使得磁力从北极流向南极时会被这座小岛吸走一部分。虽然这部分磁力同整个地球磁场比十分微小，但当它作用到生物身上则是极强大的。

超强磁场只在地表50米上下活动，禽类一般不会受到磁场的影响。而大部分陆地动物也有敏锐的电磁感知能力，往往能避开强磁场存在的区域。

至于植物不受害，是因为植物细胞的质膜被坚硬的细胞壁包围，细胞壁有很强的屏蔽磁场作用，如同避雷针，所以受磁时，植物只是叶体倒伏而已，而人和动物的细胞是没有细胞壁的，强磁场可以直接作用于细胞核，所以导致瞬间毙命。

至此，恐怖的杀人角背后的奥秘终于被解开，但仍存在着一个重大的未解之谜：

为什么有的人上岛毫发无损，有的人却会丢失性命呢？霍克猜想，这座巴罗莫角地质情况复杂，也许在某些区域是没有磁场干扰的，而有些地区则是大量磁力存在的"雷区"，而这很可能和当地土壤中的金属元素的含量不同有着密切联系。只是，由于技术的局限，目前无人能冒着生命危险在岛上自由活动来采集不同区域的土壤样本。人类想要彻底征服这座恐怖神秘的杀人岛还尚需时日。

●地球秘境

纳斯卡线条——答案在空中 〉

　　纳斯卡线条位于秘鲁南部的纳斯卡地区，是存在了2000年的谜团：一片绵延几千米的线条，构成各种生动的图案，镶刻在大地之上，由于其无比巨大，只有在空中才能看清它的完整团，而有些谜题至今无人能破解——究竟是谁创造了纳斯卡线条，它们又是怎样创造出来的，神秘线条背后意味着什么，因此纳斯卡线条被列入十大谜团。

· 发现过程

一天，两个美国人来到秘鲁南部的纳斯卡高原上，眺望着绵延数英里的一片标记，它看起来像是涂画在一本巨大而神秘的便笺上。在广阔的沙漠上，上千条苍白的线条指向各个方向。

他们被纳斯卡沙漠这些像机场跑道一样的线条深深地吸引住了，"对于这些奇异的遗迹，我们心里涌起千百个疑问，突然我们发现夕阳的降落位置几乎正好位于其中一条长线的尾端！过了一会儿，我们才想起那一天是 6 月 22 日，正是南半球的冬至，一年中白昼最短的一天。"

· 分布范围

发现"纳斯卡线条"隐藏巨型图案的消息公布后，引起了世界各地的专家前往展开研究工作。专家们发现大部分的线条和图形，都分布在秘鲁南部一块完整地域上，北由英吉尼奥河开始，南至纳斯卡河，面积达 500 平方千米。由于图案十分巨大，只能在 300 米以上的高空才能看到图案的全貌，所以一般人在处于地面的水平角度上，只能见到一条条不规则的坑纹，根本无法得知这些不规则的线条所呈现的竟是一幅幅巨大的图案。根据研究人员的发现，这些图案是将地面褐色岩层的表面刮去数厘米，从而露出下面的浅色岩层，而所形成的坑道线条，每条的平均宽度约为 10~20 厘米，而当中最长的则达约 10 米。所以由这些长度不一的线条所组成的图案，其面积也有所不同，例如其中的一幅动物图案就长达 200 米。

考古学家们陆续来到纳斯卡高原，他们不仅发现了更多的直线条和弧线图案，在沙漠地面上和相邻的山坡上，人们还惊奇地发现了巨大的动物形体，这使得那些图案变得更加扑朔迷离：一只 46 米长的细腰蜘蛛，一只大约 300 米的蜂鸟，一只 108 米的卷尾猴，一只 188 米的蜥蜴，一只 122 米的兀鹫，一个巨大的蜡烛台在俯视着大地。到今天，考古学家们共发现了成千上万这样的线条，它们有些绵延 8 千米，还有数十幅图形，包括 18 只鸟。这些动物图案中，只有兀鹫这种动物是当地的土产，其他动物如亚马逊河蜘蛛、猴子、鲸等，似乎与寸草不生的荒漠格格不入。有些图案描绘得十分精致，如蜘蛛图案中位于右脚末端的生殖器官。

• 保护工作

经过专家们将镶嵌在线条上的陶器碎片作详细研究后，证实纳斯卡线条已存在 2000 多年。他们推测这些"图案"是分为两个阶段完成的，当中最短的也至少拥有 1400 多年历史。这些巨型图案能够保存千年而没遭受到大自然的破坏，其实是和纳斯卡平原的气候有关。纳斯卡平原是一个气候干旱而贫瘠的高原，由于遍布高原的碎石，将阳光的热能吸收及保留，从而散发出一股温暖的空气，在空中形成一个具有保护作用的屏障，令到高原上的风不像平地般强劲。再加上长年不下雨的干旱气候，令纳斯卡平原成为地球上最干燥的地区之一，有专家推断，这块无风无雨、面积达 500 平方千米的辽阔高原，便是因为这种气候条件而成为当年绘画"纳斯卡线条"的理想地点。

27

撒哈拉岩画——史前奇迹 >

在非洲北部，北起阿特拉斯山脉，南至热带雨林，西起大西洋，东抵红海的广大地区，以及包括今南非、莱索托、马拉维、赞比亚、津巴布韦、博茨瓦纳、纳米比亚、安哥拉直到坦桑尼亚的南部非洲都发现了大量石器时代的岩画和岩雕。这些非洲史前艺术珍品具有独特的魅力，表明了非洲古代居民具有高度的创造力和丰富的想象力。

从已能确定年代的岩画和岩雕来看，撒哈拉地区最古老的作品已有1.2万年以上的历史，而南部非洲最古老的作品则有2.8万年的历史。撒哈拉地区多数是前第5千纪以前的作品，南部非洲多数是纪元前的作品。

这些岩画和岩雕的主题有各种动物、人物、狩猎、采集、车马、战争等，为研究古代非洲历史提供了素材。从画面可以看出，当时撒哈拉是一个水草茂盛的地方，而南部非洲一些今天比较荒凉的地区，过去曾经有过品种繁多的动物。早期的作品多反映狩猎生活，后期的作品则可以看出从狩猎到驯养家畜的过渡。画面中还反映出有军队武士的存在，并有衣着与众不同的指挥官模样的人，这在一定程度上反映了当时的社会情况。令人惊讶的是，许多岩画经过漫长的岁月，至今色泽仍很鲜艳，说明非洲古代居民在颜色的调配方面有着独到之处。

神农架——幽静探秘 〉

神农架位于湖北省西部边陲,东与湖北省保康县接壤,西与重庆市巫山县毗邻,南依兴山、巴东而濒三峡,北倚房县、竹山且近武当。

远古时期,神农架林区还是一片汪洋大海,经燕山和喜马拉雅运动逐渐提升成为多级陆地,并形成了神农架群和马槽园群等具有鲜明地方特色的地层。神农架位于我国地势第二阶梯的东部边缘,由大巴山脉东延的余脉组成中高山地貌,区内山体高大,由西南向东北逐渐降低。神农架平均海拔1700米。山峰多在海拔1500米以上,其中海拔3000米以上的山峰有6座,海拔2500米以上山峰20多座,最高峰神农顶海拔3105.4米,成为华中第一峰,神农架因此有"华中屋脊"之称。西南部的石柱河海拔仅398米,为境内最低点,相对高差达2708.2米。神农架

29

是长江和汉水的分水岭，境内有香溪河、沿渡河、南河和堵河4个水系。由于该地区位于中纬度北亚热带季风区，气温偏凉而且多雨，海拔每上升100米，季节相差3—4天。由于一年四季受到湿热的东南季风和干冷的大陆高压的交替影响，以及高山森林对热量、降水的调节，形成夏无酷热、冬无严寒的宜人气候。当南方城市夏季普遍高温时，神农架却是一片清凉世界。神农架受大气环流控制，气温偏凉且多雨，并随海拔的升高形成低山、中山、亚高山3个气候带。年降水量也由低到高依次分布为761.4~2500毫米不等，故立体气候十分明显，"山脚盛夏山顶春，山麓艳秋山顶冰，赤橙黄绿看不够，春夏秋冬最难分"是林区气候的真实写照。这里拥有当今世界北半球中纬度内陆地区唯一保存完好的亚热带森林生态系统。境内森林覆盖率88%，保护区内达96%。这里保留了珙桐、鹅掌楸、连香等大量珍贵古老孑遗植物。神农架成为世界同纬度地区的一块绿色宝地，对于森林生态学研究具有全球性意义。神农架有许多神奇的地质奇观。在红花乡境内有一条潮水河，河水一日三涌，早中晚各涨潮一次，每次持续半小时。涨潮时，水色因季节而不同；干旱之季，水色混浊，梅雨之季，水色碧清。宋洛乡里有一处冰洞，只要洞外自然温度在28℃以上时，洞内就开始结冰，山缝里的水沿洞壁渗出形成晶莹的冰帘，向下延伸可达10余米，滴在洞底的水则结成冰柱，形态多样，顶端一般呈蘑菇状，而且为空心。进入深秋时节，冰就开始融化，到了冬季，洞内温度就要高于洞外温度。独特的地理环境和立体小气候，使神农架成为中国南北植物种类的过渡区域和众多动物繁衍生息的交叉地带。苍劲挺拔的冷杉、古朴郁香的岩柏、雍容华贵的桫椤、风度翩翩的珙桐、独占一方的铁坚杉，枝繁叶茂，遮天蔽日；金丝猴、白熊、苏门羚、大鲵以及白鹳、白鹤、金雕等走兽飞禽出没草丛，翔天林间。一切是那样地和谐宁静，自在安详。

31

● 未解之谜

神农架有一个叫作阴峪河的地方，很少有阳光透射，适宜白金丝猴、白熊、白麂等动物栖息。这么多动物返祖变白，仅仅用气候原因是解释不了的，因而也成了科学上的待解之谜。

1986 年，当地农民在深水潭中发现 3 只巨型水怪，皮肤呈灰白色，头部像大蟾蜍，两只圆眼比饭碗还大，嘴巴张开时有 1 米多长，两前肢有五趾。浮出水面时嘴里还喷出几丈高的水柱。

与水怪传闻相似的还有关于棺材兽、独角兽的传闻。据说，棺材兽最早在神农架东南坡发现，是一种长方形怪兽，头大、颈短，全身麻灰色毛。独角兽头跟马脑一样，体态像大型苏门羚羊，后腿略长，前额正中生着一只黑色的弯角，似牛角，约 40 厘米长，从前额弯向后脑，呈半圆弧弓形。还有驴头狼，全身灰毛，头部跟毛驴一样，身子又似大灰狼，好像是一头大灰狼被截去狼头换上了驴头，身躯比狼大得多。

● 野人之谜

神农架是一个原始神秘的地方。独特的地理环境和区域气候，造就了神农架众多的自然之谜。"野人"、白化动物、珍禽异兽、奇花异草、奇洞异穴等无不给神农架蒙上了一层神秘面纱。

"野人"之谜是当今世界未被破解的四大谜之一。在当今世界，许多国家和地区都曾发现过"野人"的踪迹，而且不同地区的人们对其有着不同的称呼，如在北美和俄罗斯西伯利亚分别被称为"沙斯夸之"和"大脚怪"。

神农架是发现"野人"的次数最多、目击者人次最多的地方之一。据不完全统计，自上世纪初以来，这里已有400多人在不同地方不同程度地看到100多个"野人"活体。神农架可能有"野人"，有四方面的依据：一是史书有记载。《山海经·海内南经》、屈原的《山鬼》、明代《本草纲目》、清代神农架周边的房县、兴山等县县志都有关于"野人"的记载。《本草纲目》上记载："南康有神曰'山都'，形如人，长丈余，黑色，赤目黄发，深山树中作窠……"描述的就是"野人"。二是民间有传说。民间关于"野人"的传说历史悠久，上自远古，下至当今。从秦始皇修万里长城，逃跑的民夫躲进深山老林变成"野人"的传说，到今天神农架周边地区流传的进深山双臂套竹筒防"野人"的传说，有许多的版本。三是科考有发现。人类从何而来？是猴子、猩猩或者类人猿变来的吗？为什么猴子等站起来不能变成人？这些课题一直是人类学家、遗传学家关注的问题。中国野考协会曾几次组队到神农架进行科学考察，发现了大量"野人"的脚印、毛发和粪便。鉴定结果表明，神农架确实存在一种介于猿和人之间的灵长类动物。四是有大量的人证和物证。神农架及其周边地区有许多人在不同时间、不同地点看到过"野人"，特别是最近的1999~2003年、2005年及2007年在神农架境内均发生目击"野人"事件。目击者中有公务员、学生、游客和农民。他们对目击物的描述基本相似：身材高大魁梧，面目似人又似猴，全身棕红或灰色毛发，习惯两条腿走路，动作敏捷，行为机警，有的还会发出各种叫声。

中国科学院从1977年开始对神农架人形动物进行科考和研究，30多年来也接到过上百宗曾经见过"野人"的各界人士的反映，同时也收集到不少有关人形动物活动的证据，但是30年来始终都没有过与人形动物的正面接触。

• 神农文化

在神农架古老的谜一样的山林里，积淀着古老的谜一样的文化。独具魅力的神农架文化像一樽陈年老酒，香飘万里，醉人心脾，令人心驰神往。神农架文化具有区别于其他地区文化的显著特点：这就是古老的山林特色，既保留了明显的原始古老文化的痕迹，又具有浓厚的山林地域风貌。其区域文化特色被视为亚洲少见的山地文化圈——高山原生态文化群落带。

• 史诗《黑暗传》

汉民族神话史诗《黑暗传》的发现受到了我国神话学界和德国、英国、法国、奥地利、丹麦的汉学家的高度重视和热情评价。这部长达3000多行的史诗唱本，记录着汉民族的远古创世神话。被我国神话学专家袁珂先生判定为汉民族广义的神话史诗，是极为珍贵的历史资料。《黑暗传》的保存，是神农架先民崇敬上古开天辟地的英雄而歌唱的结果。他们把神话当

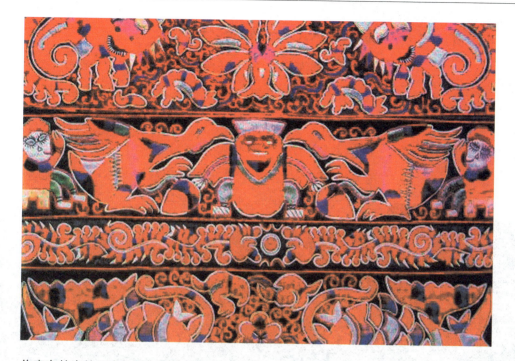

作真有其事的历史知识，代代传唱。一些老歌手把《黑暗传》手抄本奉为经典，当作传家宝加以珍藏，不轻易示人。在神农架，把《黑暗传》带进棺材作陪葬或死前埋在地下不为子孙所知的事屡见不鲜。《黑暗传》的发现，是中国古神话的发现，打破了汉民族没有神话史诗的定论，对于中国神话学和楚文化的研究具有非常重要的价值，也因此成为神农架民间文学宝库中最为璀璨的明珠。

• 神农架刺绣

　　神农架地处偏僻深山，长期以来处于原始封闭状态，与外地往来不多，民间习俗多保持着固有的淳朴和浓厚的乡土气息，独具特色的刺绣便是神农架的一朵充满活力的艺术之花。

• 神农架民歌

　　神农架民歌的演唱形式、音乐色彩和语言艺术十分古老和丰富。许多民歌珍品历传不衰，成为神农架人文化生活的一个重要组成部分，闪耀着古楚文化的灿烂光辉。薅草歌声情并茂，明快悠扬；婚礼歌脍炙人口，趣味盎然；丧礼歌音色古朴，粗犷苍凉；民间小调抒情状物，盛情真挚。

• 神农架堂戏

　　堂戏是神农架现存的十分古老的地方剧种，因演出时所需场地较小，一般在农家堂屋里表演，故名堂戏。剧目大多是传说的古装戏，也有民间艺人自编自演的现代戏。演唱风格具有典型的地方特色和浓郁的乡土气息。

35

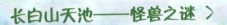

长白山天池——怪兽之谜

　　中国最深的湖泊——长白山天池，坐落在吉林省东南部，是中国和朝鲜的界湖，湖的北部在吉林省境内，是松花江之源。因为它所处的位置高，水面海拔达2150米，所以被称为"天池"。长白山原是一座火山。据史籍记载，自16世纪以来它又爆发了3次，当火山爆发喷射出大量熔岩之后，火山口处形成盆状，时间一长，积水成湖，便成了现在的天池。

- 地理地貌

- **天池形状**

　　天池呈椭圆形，周围长约13 千米，南北长 4.85 千米，东西宽 3.35 千米，湖面面积10 平方千米，海拔 2194 米，比天山天池高 209 米，平均水深 204 米。据说中心深处达 373 米。在天池周围环绕着 16 个山峰，天池犹如是镶在群峰之中的一块碧玉。这里经常是云雾弥漫，并常有暴雨冰雹，因此，并不是所有的游人都能看到她秀丽面容的。

　　天池蓄水 20 亿立方米，是一个巨大的天然水库，天池的水一是来自大自然降水，也就是靠雨水和雪水，二是地下泉水。天池湖水深幽清澈，像一块瑰丽的碧玉镶嵌在群山环绕之中，使人如临仙境。不过，长白山气候瞬息万变，使得天池若隐若现，故绘出了天池"水光潋滟晴方好，山色空蒙雨亦奇"的绝妙景象。

- **天池火山**

　　长白山天池火山是目前我国境内保存最为完整的新生代多成因复合火山，火山活动经历了造盾、造锥和全新世喷

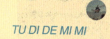

发 3 个发展阶段，3 个阶段岩浆成分从玄武质→粗面质→碱流质代表其演化过程。历史上长白山地区有过多次喷发的"史料记载"，1668 年和 1702 年两次天池火山喷发是可信的。通过火山地质学和精细的 14C 年代学研究，全新世以来天池火山至少有两次（公元 1199 年和约 5000 年前）大规模喷发。公元 1199—1201 年天池火山大喷发是全球近 2000 年来最大的一次喷发事件，当时喷出的火山灰降落到远至日本海及日本北部。

火山喷发出来的熔岩物质堆积在火山口周围，成了屹立在四周的 16 座山峰，其中 7 座在朝鲜境内，9 座在我国境内。这 9 座山峰各具特点，形成奇异的景观。

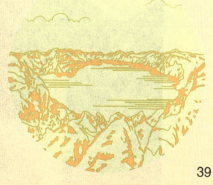

• 水怪之谜

长白山像一条玉龙，横亘在中国的东北边疆，它以美丽富饶、景色壮观闻名中外。长白山主峰附近的长白山天池是著名的火山湖，湖内最深处达 373 米，平均水深 204 米。天池本来就以澄澈的湖水、沸腾的温泉和轰鸣的瀑布吸引了无数的游客，但自 1962 年 8 月有人用望远镜发现天池水面有两水怪互相追逐游动以来，它的名声就更大了。

有关部门在天池边建立了"天池怪兽观测站"，科研人员进行了长时间的观察，并拍摄到珍贵的资料，证实确有不明生物在水中游弋，但具体是何种生物，目前尚不明朗。他们对天池的水进行过多次化验，证明天池水中无任何生物，既然水中没有生物，若有怪兽，它吃什么呢？这一连串的疑问使得天池更加神秘美丽，吸引越来越多的人前往观赏。也有记者在天池拍摄到过疑似水怪，但放大一看是朝鲜境内的快艇。

• 水怪惊现

1976 年 8 月的一个中午，在长白山高耸入云的天文峰下碧蓝幽深的天池边，一群中国北京来的旅游者席地而坐，正在野餐。突然，一个姑娘发出一声尖厉的惊叫："你们看，水怪！"众人都惊愕地回头看，只见一头毛色黝黑、状若棕熊般的狰狞水怪，正伏卧在天池边的一块嶙峋怪石后，双眼灼灼地向近在咫尺的人群窥探，它听见惊叫，惊骇地霍然蹿起，扑通一声，跳入水中。平静无波的天池内顿时漾起一条人字形波纹，而水怪转瞬间就无影无踪了。

这就是许久以来一直被人传说的天池水怪，它居然在光天化日之下突兀地从水中跳到岸边来了！众多目击者都异口同声地肯定了这一事实。

• 白日露面

据统计，自 1962 年至 1980 年，共有 20 多人分 5 次目睹到天池水怪，他们对它的描述归纳起来为：头比牛头还大，嘴突，颈长，体硕（3 米以上）。1981 年 6 月 17 日，天池再次发现怪异动物。中午 2 时 40 分，长白山自然保护区管理局横山派出所所长李长友等 5 人正在山头拍照留影，此时，他们中有一个忽然指着天池中一条蓝色的水带喊道："看，出来一只白东西！"人们循声望去，只见一个白色斑点在湛蓝的湖水中显得格外醒目，他们通过望远镜惊奇地发现这一条长约 2 米的水怪，它的头又大又圆像豹头，除了前额及头顶是纯白色外，身体余下可见部分均为蛋黄色。它的身体细长，浮在水面上的身体形状像一条凤尾鱼，它拖着一条尾巴，正浮在水面上，好像在晒太阳。

• 水怪疑云

对天池水怪持否定意见者认为：天池由活火山口积水而成，形成时间并不长。史料记载长白山曾有 3 次喷发，即 1597 年、1668 年、1702 年，最后一次喷发距今只有 300 多年。假设确有这样一类大型动物在天池中生活，那么它们的食物来源很成问题，除微生物外，湖中没有发现其他生物，湖畔的草甸上也无啃吃的痕迹。因此，无法解释这类大型动物的食物来源。还有一种观点认为，天池中常有时隐时现的礁石，也如动物一样有时露出水面，有时沉入水中。还有火山喷出的大块浮石在水中漂浮，有风吹来也一动一动地在水面浮动，远远看去，也如动物一样在水中游泳。也许这些就是天池水怪之谜的谜底。天池水怪难道是许多目击者产生的同一种错觉？如果不全是，它又会是什么东西呢？据考证，怪兽也许是水獭。

天池的神话传说

据说，天池原是太白金星的一面宝镜。西王母娘娘有两个花容月貌的女儿，很难辨姐妹俩究竟谁更美丽。在一次蟠桃盛会上，太白金星掏出宝镜说，只要用它一照，就能看到谁更美。小女儿先接过镜子一照，便羞涩地递给了姐姐。姐姐对着镜子左顾右盼，越看越觉得自己漂亮。这时，宝镜说话了："我看，还是妹妹更漂亮。"姐姐一气之下，当即将宝镜抛下瑶池，落到人间变成了天池……

还有一个传说，说长白山有一个喷火吐烟的火魔，使全山草木枯焦，整日烈焰蔽日，百姓苦不堪言。有个名叫杜鹃花的姑娘，为了降服作孽多端的火魔，怀抱冰块钻入其肚，用以熄灭熊熊大火，火灭后山顶变成了湖泊。以现代肖草《长白山天池》诗为证：长山裹素蜡象驰，天池隔雾墨客痴；楼云掀帘娇阳露，王母出浴不觉辞。

喀纳斯湖是中国新疆阿勒泰地区布尔津县北部一著名淡水湖，面积45.73平方千米，平均水深120米，最深达到188.5米，蓄水量达53.8亿立方米。外形呈月牙状，被推测为古冰川强烈运动阻塞山谷积水而成。喀纳斯湖湖中传说有湖怪"大红鱼"出没，据称身长可达到10米，有科学家推测为大型淡水食肉鱼类哲罗鲑，但未得到实际观测支持。

喀纳斯是蒙古语，意为"美丽富饶、神秘莫测"，它是一个坐落在阿尔泰深山密林中的高山湖泊，比著名的博格达天池整整大10倍，湖水最深处达188米左右，是中国唯一的北冰洋水系。湖面碧波万顷，群峰倒影，湖面还会随着季节和天气的变化而时时变换颜色，是有名的"变色湖"。喀纳斯湖呈弯豆荚形，湖东岸为弯月的内侧，沿岸有6道向湖心凸出的平

43

台，使湖形成井然有序的6道湾。每一道湾都有一个神奇的传说。其中第一道湾的基岩平台有一个巨大的羊背石，恰似一只卧羊昂首观湖；三道湾的观湖台，是赏湖上落日的最佳地点；当旭日东升或夜幕降临时，乘船或站在第四道湾平台上探寻湖心秘密，运气好的话还可能看到时隐时现的神秘"湖怪"。北端的入湖三角洲地带，大片沼泽湿地与河湾小滩共存，地形平坦开阔，各种草类与林木共生，一派生机勃勃的景象。喀纳斯湖上端，有湖心岛浮于水面，四周皆森林茂密，湖水碧绿纯净。

环湖四周原始森林密布，阳坡被茂密的草丛覆盖，每至秋季层林尽染，景色如画。这里是我国唯一的南西伯利亚区系动植物分布区，生长有西伯利亚区系的落叶松、红松、云杉、冷杉等珍贵树种和众多的桦树林，已知有83科298属798种，有兽类39种、鸟类117种、两栖爬行类动物4种、昆虫类300多种。喀纳斯湖水中生长的有哲罗鲑、细鳞鲑、江鳕、阿尔泰鲟、西伯利亚斜鳊等珍稀鱼类。特别是哲罗鲑，体长可达2－3米，重达百十千克，因鱼体呈淡红色而被称为大红鱼，有专家推测喀纳斯湖怪就是所谓的哲罗鲑。

• 喀纳斯湖怪

喀纳斯湖另一奇观是湖中有巨型"湖怪"。据当地图瓦人民间传说，喀纳斯湖中有巨大的怪兽，能喷雾行云，常常吞食岸边的牛羊马匹，这类传说，从古到今，绵延不断。有众多的游客和科学考察人员从山顶亲眼观察到巨型大鱼，成群结队、掀波作浪、长达数十米的黑色物体在湖中慢游，一时间把"湖怪"传得沸沸扬扬，神乎其神，又为美丽的喀纳斯湖增加了几

分神秘的色彩。

1985 年 7 月下旬，新疆大学动物学教授向礼陔率领的考察队在湖边工作时，突然发现数十条巨型鱼在湖面出现，两天后袁国映带领的新疆环境科学研究所的考察队也在"一览亭"上观察到了湖中的巨型鱼群，并摄得了许多照片和一段录像，从而开始了喀纳斯湖"湖怪"之谜的研究。

喀纳斯湖的神秘大概和湖怪的传说有关。据一些专家经过考察推断，所谓湖怪其实是那些喜欢成群结队活动的大红鱼。

这是一种生长在深冷湖水中的"长寿鱼"，其寿命最长可达 200 岁以上，而且行踪诡秘，没有经验的人是很难捕捉到它的。当地的图瓦人并不相信这种说法，在他们的传说中，湖怪能吃掉整头牛。但湖怪到底长什么样，谁也说不清。他们的前辈还有过两次捕捉湖怪的尝试，但都以失败而告终。所以至今图瓦人不到湖里打鱼，也不在湖边放牧。

至于"湖怪"与大红鱼（哲罗鲑）是不是一回事，至今还是个谜。

• 变色湖

　　喀纳斯湖的另一奇观是变色，因此被称为"变色湖"。春夏时节，湖水会随着季节和天气的变化而变换颜色。从每年的4、5月间开化到11月冰雪封湖，湖水在不同的季节呈现出不同的色彩。5月的湖水，冰雪消融，湖水幽暗，呈青灰色；到了6月，湖水随周山的植物泛绿，呈浅绿或碧蓝色；7月以后为洪水期，上游白湖的白色湖水大量补给，由碧绿色变成微带蓝绿的乳白色；到了8月湖水受降雨的影响，呈现出墨绿色；进入9、10月，湖水的补给明显减少，周围的植物色彩斑斓，一池翡翠色的湖水光彩夺目。

　　关于变色湖的原因是季节变化所引起上游河水所含矿物成分多少的缘故；且与周围群山植物随季节变化的不同色彩倒映在湖中，以及阳光角度变化和不同季节的光合作用对湖水的影响也有一定关系。其主要是喀纳斯湖水来源于友谊峰南坡的喀纳斯冰川，当冰川作用于周围由浅色花岗岩组成的山地时，冰川掘蚀携带的花岗岩岩块经挤压研磨成白色细粉末混合于冰层内，炎热的夏季夹带有白色细粉末的冰川融化，大量的呈乳白色的冰川融水和雨水进入喀纳斯河，流进阿克库勒的湖（白湖），阿克库勒湖的乳白色水再流向下游汇入喀纳斯湖，这就是喀纳斯湖在7—8月变为白色的原因。每年12月份封冻后，喀纳斯湖又像一面白色的水晶镜，当地牧民用爬犁在湖

面上运送物品或进行滑雪滑冰。另外，在不同的天气、从不同的角度去看喀纳斯，特殊的水质与天色和山色相互折射而产生不同的色彩。由于喀纳斯湖被群山环抱，在高原蓝天白云的大背景下，湖水受阳光和云团的映射，又将周围的山色反射在湖中，湖水会随着天空云朵的变化和阳光下山色的明暗交替，变化万千，斑斓流彩。

47

墨西哥"寂静之地"——无声胜有声 〉

"寂静之地"地处墨西哥木马皮米盆地国家生态保护区，位于北纬27度，与百慕大三角和埃及金字塔处于同一纬度，这似乎并不能诠释它的神秘，但这里出现的一些奇怪现象至今仍无法解释：电磁波到了这里便消失得无影无踪；陨石在这里遍地都是，流星雨更是这里的常客；飞机飞越上空时，导航系统完全失灵；各种古生物化石如同垃圾一样遍地皆是；毗邻地区风雨大作，这里却永远是骄阳似火；不明飞行物（UFO）、三个头的羊更是周边居民的饭后谈资。

10亿年前，陆地渐渐浮出海面，这里成为墨西哥第一块见到阳光的陆地，此后的漫长岁月中，人类没有在这块土地上留下任何痕迹，它依然保持着当初的宁静。直到1966年的某一天，墨西哥国家石油公司的工程师哈里·贝里亚勘探时发现，收音机、电视、无线电对讲机、卫星遥感系统到了这里完全失去效用，"这里如同电磁风暴的风眼一般，无法接收人类世界的信息"，因此当时贝里亚给这里取名为"寂静之地"。

1969年，英国天文学家伯纳德·洛弗尔观测到一颗正在接近地球的流星，于是开始跟踪它的运行轨迹。进入大气层后，这颗流星开始燃烧解体，其中最大的一块突然改变原来的飞行方向，朝北美洲飞去，最终坠落在"寂静之地"的边缘地区。

20世纪70年代初期，美国宇航局一架名为"雅典娜"的火箭因技术原因在杜兰戈州沙漠地区坠毁，搜寻人员在进入"寂静之地"寻找火箭残骸时发现，雷达显示屏上一片空白，根本无法提供任何数据。经过几个星期的人工搜寻，终于在该地区中心位置找到了残骸。据周边地区居民陈述，美国人在运走火箭残骸时还带走了几吨重的沙子，理由是这些黄沙已经被放射性物质污染了。

1976年，墨西哥国家核能研究所派遣了两名资深专家前往"寂静之地"考察，其中一名是享有世界声誉的墨西哥国家科学奖得主、物理学家雷·克鲁斯。当时他们考察的重点是电磁波在这一神秘地区的传播。结果发现，横波的传播很正常，但纵波却被完全屏蔽掉，从而产生所谓的"寂静"现象。此后不久，墨西哥瓜达拉哈拉大学派遣30多名科学家组成研究小组做实地考察，他们用"盖革计数管"测定的结论是，这一地区放射能极高。

目前，关于这些奇特现象的解释有很多，当然有一些也掺杂了人类对于未知领域的想象。这其中最流行的一种还是有关科学家提出的"磁场说"，即这一地区的下方存在一个强大的电磁能量场，这样一来便可以对火箭、陨石坠落以及雷达系统失灵等现象作出合理的解释，但为何只有这里具有强大的磁场呢？有人猜想，地核在这个位置更接近地表，从而产生比其他地方更强的磁场；更有人猜测，这里的地下曾经是外星人储存能量的仓库，但猜测终归是猜测。

也许有些存在的事实并无需解释得一清二楚，这样可以留给人们一个想象驰骋的空间，而"寂静之地"也将会永远的寂静下去。

哥斯达黎加大石球——"天体"谜云

20世纪30年代末，美国人乔治·奇坦在哥斯达黎加人迹罕至的三角洲热带丛林以及山谷和山坡上，发现了约200个好似人工雕饰的石球。加拉卡有一处石球群多达45枚，另两处分别有15枚和17枚，有的排列成直线，有的略成弧线，无一定规则。据怪异现象专家米切尔·舒马克研究，有些石球显然是从山上滚落下来，碰巧排成直线的。

这些谜一样的石球引起了人们极大的兴趣。科学家对它们进行测量后发现，这些石球都是用坚固的花岗岩制成，而且石球表面各点的曲率几乎完全一样，直径误差小于0.01，简直是一些非常理想的圆球。

这些石球有什么用？有人推测，摆放在墓地东西两侧的石球可能代表太阳和月亮，或图腾标志，有人把它们戏称为"巨人玩的石球"。

对大石球做过周密调查的考古学家们都确认，这些石球的直径误差小于1/100，准确度接近于球体的真圆度。从大石球精确的曲率可以知道，制作这些石球的人员必须具备相当丰富的几何学

知识和高超的雕凿加工技术，还要有坚硬无比的加工工具及精密的测量装置。否则，便无法想象他们能够完成这些杰作。诚然，远古时期，生活在这里的印第安人不乏雕凿石头的能工巧匠。

据考查，这些谜一样的石球，差不多都是用坚固美观的花岗岩制成。令科学家和考古工作者迷惑不解的是，这些石球所在地的附近并没有花岗岩石料，在其他地方也找不到任何原始制作者留下的痕迹。面对这样奇特的现象，人们提出了一连串问题：是什么人制作了这些了不起的巨大石球？所必需的巨大石料如何运到这里？究竟用什么工具加以制作？

有人根据当地印第安人中流传的传说：宇宙人曾经乘坐球形宇宙飞船降临这里，认为这些大石球是宇宙人制作的，并按照一定的位置和距离进行了排列，布置成模拟某种空间天象的星球模型。一切的谜团迄今未明。但是，今天有谁能理解这个"星球模型"的真正涵义呢？又有谁能知晓在这些大石球中，哪一个代表这些天外来客生活的故乡呢？

● 地质奇观

骷髅海岸——地狱一角 >

在非洲纳米比亚的纳米比沙漠和大西洋冷水域之间，有一片白色的沙漠，葡萄牙海员把纳米比亚这条绵延的海岸线称为"骷髅海岸"，这条500千米长的海岸备受烈日煎熬，显得那么荒凉，却又异常美丽。从空中俯瞰，骷髅海岸是一大片褶痕斑驳的金色沙丘，这是从大西洋向东北延伸到内陆的沙砾平原。

骷髅海岸是世界上为数不多的最为干旱的沙漠之一。当地人将其称之为"土地之神龙颜大怒"的结果。这就是骷髅海岸，一年到头都难得下雨。这条海岸绵延在古老的纳米比沙漠和大西洋冷水域之间，长500千米，葡萄牙海员把它称为"地狱海岸"，现在叫作骷髅海岸。骷髅海岸充满危险，有交错水流、8级大风、令人毛骨悚然的雾海和深海里参差不齐的暗礁，令来往船只经常失事。时至今日，过去在捕鲸中因失事而破裂的船只残骸，依然杂乱无章地散落在世界上这条最危险荒凉的海岸上。在这里，由海市蜃楼现象所形成的赭色沙丘则是世界上最为独特的景色之一，只有羚羊、沙漠象和极其勇敢的旅游者才能踏入这一禁区。

 名称由来

1933 年，一位瑞士飞行员诺尔从开普敦飞往伦敦时，飞机失事，坠落在这个海岸附近。有人指出诺尔的骸骨终有一天会在"骷髅海岸"找到，骷髅海岸从此得名。可是诺尔的遗体一直没有发现，但给这个海岸留下了名字。

• 地理特征

从空中俯瞰，骷髅海岸是一大片褶痕斑驳的金色沙丘，从大西洋向东北延伸到内陆的沙砾平原。沙丘之间闪闪发光的蜃景从沙漠岩石间升起，围绕着这些蜃景的是不断流动的沙丘，在风中发出隆隆的呼啸声，交织成一首奇特的交响曲。

在海岸沙丘的远处，7 亿年来由于风的作用，把岩石刻蚀得奇形怪状，有若妖怪幽灵，从荒凉的地面显现出来。而在南部，连绵不断的内陆山脉是河流的发源地，但这些河流往往还未进入大海就已经干涸了。这些干透了的河床就像沙漠中荒凉的车道，一直延伸至被沙丘吞噬为止。还有一些河，例如流过黏土峭壁峡谷的霍阿鲁西布干河，当内陆降下倾盆大雨的时候，巧克力色的雨水使这条河变成滔滔急流，才有机会流入大海。科学家称这些干涸的河床为"狭长的绿洲"。

在海边，大浪猛烈地拍打着缓斜的沙滩，把数以百万计的小石子冲上岸边，带来了新的风采。花岗岩、玄武岩、砂岩、玛瑙、光玉髓和石英的卵石给翻上滩头。

• 危险海岸

骷髅海岸沿线充满危险，有交错的水流、8级大风、令人毛骨悚然的雾海和深海里参差不齐的暗礁。来往船只经常失事，传说有许多失事船只的幸存者跌跌撞撞爬上了岸，庆幸自己还活着，孰料竟慢慢被风沙折磨致死。因此，骷髅海岸布满了各种沉船残骸和船员遗骨。

因失事而破裂的船只残骸，杂乱无章地散落在世界上这条最危险荒凉的海岸上。1943年在这个海岸沙滩上发现12具无头骸骨横卧在一起，附近还有一具儿童骸骨，不远处有一块风雨剥蚀的石板，上面有一段话："我正向北走，前往60里外的一条河边。如有人看到这段话，照我说的方向走，神会帮助他。"这段话写于1860年，至今没有人知道遇难者是谁，也不知道他们是怎样遭劫而曝尸海岸的，为什么都掉了头颅。

南风从远处的海吹上岸来，纳米比亚布须曼族猎人叫这种风为"苏乌帕瓦"，吹来时，沙丘表面向下塌陷，沙粒彼此剧烈摩擦，发出咆哮之声。对遭遇海难后在阳光下暴晒的海员，以及那些在沙暴中迷路的冒险家来说，海风有如献给他们的灵魂挽歌。

- 生物繁衍

• 海边生物

因为这里的河床下有地下水，所以滋养了无数动植物，种类繁多，令人惊异。科学家称这些干涸的河床为"狭长的绿洲"。湿润的草地和灌木丛也吸引了纳米比亚的哺乳动物来此寻找食物。大象把牙齿深深插入沙中寻找水源，大羚羊则用蹄踩踏满是尘土的地面，想发现水的踪迹。

在海边，大浪猛烈地拍打着倾斜的沙滩，把数以万计的小石子冲上岸边，花岗岩、玄武岩、砂岩、玛瑙、光玉髓和石英的卵石都被翻上了滩头，给这里带来了些许亮色。迷雾透入沙丘，给骷髅海岸的小生物带来生机，它们会从沙中钻出来吸吮露水，充分享受这唯一能获得水分的机会与乐趣。会挖沟的甲虫，此时总要找个能收集雾气的角度，然后挖条沟，让沟边稍稍隆起，当露水凝聚在垄上流进沟时，它就可以舔饮了。雾也滋养着较大的动物，盘绕的蝮蛇，用嘴啜吸鳞片上的湿气。在这片荒凉的骷髅海岸外的岛屿和海湾上，繁衍生存着躲避太阳的蟋蟀、甲虫和壁虎。长足甲虫使劲伸展高跷似的四肢，尽量撑高身躯，离开灼热的地面，享受相对凉爽的沙漠微风的吹拂。

南非海狗是这片海岸的主人，它们大部分时间生活在海上，但到了春季，它们要回到这里生儿育女，漫长的海岸线就是它们爱的温床。到了陆地上，海狗的动作可不像在海里那样敏捷、优美。它们把鳍状肢当作腿来使用，那笨拙而可爱的模样让人忍俊不禁。

• 入夜繁衍

入夜风止，沙漠冷却了，大自然怜悯这片饱受煎熬的土地，送来一阵迷蒙的雾。雾慢慢地穿过海滩和岩石，给苦受阳光烘烤的动植物带来滋润和生机。沙丘背后，沙砾平原的色彩和生命力将雾的奇妙功能表露无遗。白天，干枯又没精打采的地衣倒伏在一粒粒细小灼热的沙砾上，但在雾的滋润下，地衣恢复了生机，给这片沙砾平原带来缤纷的色彩。

• 白昼生息

随着白昼来临，一股干热的东风吹过沙丘，从腹地带来了或活或死的有机物，为这些奇特的沙漠生物提供美餐。比手指稍长的天生瞎眼的大金鼹鼠钻进沙的深处，向躲避太阳的蟋蟀、甲虫或壁虎猛扑。白色甲虫用背部的白色甲壳反射灼热的阳光，令体温尽量下降，使它们在又干又热的沙子上仍能长时间爬动。突然，暴晒得灼热的沙漠变得生意盎然，蜥蜴、甲虫和其它昆虫都从沙里钻出来，急不可待地追逐风带给它们的干巴巴的佳肴。

与灼热的沙滩相比，海水是冰凉的，因为本格拉海流沿南极洲海岸向北冲去。在冰凉的水域里，居住着沙丁鱼、鲲鱼和鲻鱼。这些鱼引来了一群群海鸟和数以十万计的海豹，在这荒凉的骷髅海岸外的岛屿和海湾上繁衍生息。

艾尔湖——无水盐湖

艾尔湖，一译"埃尔湖"。浅水盐湖，位于澳大利亚的中部地区，是一个时令湖。在罕有情况注满时，是澳大利亚最大的湖泊。湖的最低点位于海平面下15米，是艾尔湖盆地的焦点。总面积超过1万平方千米，分南北两湖，北艾尔湖144千米长，65千米宽；南艾尔湖65千米长，约24千米宽，两湖之间由狭窄的戈伊德水道连接。

地质结构

从湖的西侧可以明显看出这座盐渍化的洼地是大约3万年前地面断层下陷的产物，断层块隔断了原来的出海口。现在湖水蒸发很快，湖的表面结着薄薄的一层盐壳。正常情况下艾尔湖是干涸的，平均一个世纪内只有2次注满了水。但在小雨之后，局部地区有少量入水也屡见不鲜。湖中满水后，约经过2年又完全干涸。

湖中薄盐壳的南部加厚可达46厘米。盐壳极平坦的表面被利用作为打破世界纪录的越野竞赛的场地，1964年甘贝尔驾驶"蓝鸟二号"车达到每小时644千米以上的纪录。

• 时令湖

艾尔湖是个很有趣的湖泊。它像幽灵一样，时而出现，时而消失，踪迹难觅。1832年，一支勘探队来到这里考察，发现一个小盆地，上面覆盖着一层盐。到了1860年，又一支勘探队来到这里，却在这里发现了一个碧波荡漾的咸水湖，第二年，这支勘探队再次来到这里，准备测量这个湖的面积，可是湖却不见了，水波荡漾的地方又成了一个小地。

原来，这个湖不是常年湖，而是一个时令湖。时令湖，水源主要是河水和雨水，如果当年雨量少，水分大量蒸发，湖水就会干涸，因而它时隐时现。每隔3年左右，它就要"失踪"一次。那么，湖水哪里去了呢？它在和人们"捉迷藏"吗？

原因是艾尔湖的水源主要是雨水，而湖区及附近地区属干旱气候，年平均降雨量不到120毫米，年蒸发量达2500毫米，由于蒸发量远远大于降水量，湖水大量蒸发，所以常常会干涸。当暴雨来临时，降雨量较大时，湖盆中又蓄满了水，湖的面积可达8200平方千米，成为淡水湖；而降雨量较小时，湖水被大量蒸发，湖就干涸见底了，该湖就成了干涸的盐壳。因此使得该湖时而出现，时而消失。所以它在地理学辞典中的面积是"0—8200平方千米"，没有一个固定的数字。

为了改变澳大利亚中部的干燥气候，科学家正在努力缚住这个"幽灵"。他们提出要开凿一条运河把附近的海湾和艾尔湖联接起来。这样，海水就会自动流向艾尔湖（艾尔湖平均低于海平面12米），它就不会再干涸了。

猛犸洞穴——地球深处的秘密 >

猛犸洞是世界上最长的洞穴，位于美国肯塔基州中部的猛犸洞国家公园，是世界自然遗产之一。猛犸洞以古时候长毛巨象猛犸命名，这个"巨无霸"洞穴截至2006年，已探出的长度近600千米，究竟有多长，至今仍在探索。200多年来，探险家的前赴后继，他们的探索精神已被镂刻在猛犸洞每一千米的发现史上。

猛犸洞穴内部非常之大，而且许多洞坑历史悠久，因此它被联合国列入世界遗产名录。猛犸洞穴到底有多大至今是个谜。几乎一直都有新洞穴和新通道被发现，同时这个壮观的迷宫也一直在往地下拓展。这里有流石、钙华、扇形石、石槽以及穹窿，这些东西的名字本身就很有吸引力。还有石膏晶体与溶蚀碳酸盐景观、水洼与逐渐消失的泉水、高耸的石柱、狭长的通道以及开阔的岩洞。

猛犸洞穴是世界上最长的洞穴体系，一些探险家认为该洞穴的大部分还有待探明。猛犸洞穴的确是美丽与神奇的综合体。地下洞室一个接着一个，拥有许多不可思议的奇异景象：锥形石钟乳与石笋、厚厚的石瀑、带状晶体、细长的石柱以及长笛状石盾。徒步旅行者会发现

自己徜徉于一个广阔伸展的空间中，周围遍布地下湖泊与峡谷、瀑布与小溪、狭长的走廊与拱形穹窿。这是一幅不可思议的美景，犹如迪士尼童话中埋藏在地下的地理世界，又像是爱伦坡诗中的神秘幻境。

猛犸洞穴距肯塔基州鲍灵格林约80千米，是世界上已知的最大、最多样化的地下洞穴体系之一。神秘的水洼、地下瀑布以及精致的石膏洞穴构造，这里让人难以忘怀的美景将永远萦绕在你的脑海中。

塞布尔岛——沉船墓地 〉

在加拿大东南的大西洋中，有个叫塞布尔的岛。这个岛十分古怪，会移动位置，而且移得很快，仿佛有脚在走。每当洋面刮大风时，它会像帆船一样被吹离原地，作一段海上"旅行"。该岛东西长40千米，南北宽1.6千米，面积约80平方千米，呈月牙形。由于海风日夜吹送，近200年来，小岛已经向东"旅行"了20千米，平均每年移动100米。塞布尔岛还是世界上最危险的"沉船之岛"，在这里沉没的海船先后达500多艘，丧生的人计5000多名。因此，这一海域被人们称为"大西洋墓地""毁船的屠刀""魔影的鬼岛"等。

• "墓地"概述

塞布尔岛位于北大西洋上，是加拿大新斯科舍省省会哈利法克斯以东288千米外的一个孤岛，位于欧洲通向美国和加拿大的重要航线附近，是由海流和海浪不断冲积沙质沉积物而成。法语"塞布尔"意即沙岛。岛上仅有矮小的灌木。人烟稀少，只有气象站和雷达站的工作人员。附近即著名的"百慕大三角"地带，常发生船只失事事件，有"大西洋墓地"之称。

这个令不少航海家毛骨悚然的塞布尔岛，几百年来有500多艘大小航船在该岛附近神秘地沉没，丧生者多达5000余人。塞布尔岛因此获得一个绰号——航船的坟场。

TU DI DE MI MI

• "墓地"特点

塞布尔岛由泥沙冲积而成，全岛到处是细沙，不见树木。小岛四周布满流沙浅滩，水深约有2到4米。船只只要触到四周的流沙浅滩，就会遭到翻沉的厄运。塞布尔岛海拔不高，只有在天气晴朗的时候才能望见它露出水面的月牙形身影。人们曾目睹几艘排水量5000吨、长度约120米的轮船，误入浅滩后两个月内便默默地陷没在沙滩中。

• 历史发现

1898年7月4日，法国拉·布尔戈尼号海轮不幸触沙遇难。美国学者别尔得到消息，自认为船员们可能已登上塞布尔岛，便自费组织了救险队，登上该岛，可待了几个星期，连一个人影也没有发现。历史资料表明，从遥远的古代起，在塞布尔岛那几百米厚的流沙下面埋葬了各式各样的海盗船、捕鲸船、载重船以及世界各国的近代海轮。

由于岛上浅沙滩经常移动位置，因此人们偶有机会发现沙滩中航船的残骸。19世纪，一艘美国快速帆船下落不明，直到40年后，那柚木船身才从海底露出。然而3个月后，船体上又堆上了30米高的沙丘。

1963年，岛上灯塔管理员在沙丘上发现了一具人体骨骼、一只靴子上的青铜带扣、一支枪杆和几发子弹，以及12枚1760年铸造的杜布朗金币。此后，又在沙丘中找到厚厚的一叠19世纪中叶的英国纸币，面值为100万英镑。

由于航船在塞布尔岛不断罹难，船员们纷纷要求本国政府在岛上建造灯塔，设立救护站，可没有一个国家愿意在这微不足道的孤岛上付出代价。

1800年，在新斯科舍半岛发现了不少金币、珠宝及印有约克公爵家徽的图书和木器。而这些物品是渔民从塞布尔岛上换来的。这事引起英国政府的注意。因为当年开往英国的"弗莱恩西斯"号，从新斯科舍半岛启航后，便杳无音信。

英国海军部认为，"弗莱恩西斯"号遇难后，船员可能登上塞布尔岛，而被当地居民杀死，船上财物被洗劫。调查最终搞清了真相：船员与船一同被无情的海沙所吞没。

几个月后，英国的"阿麦莉娅公主"号又沉陷于塞布尔岛周围的流沙中，船员无一生还。另一艘英国船闻讯赶来救援，不料也遭同样厄运。英国政府大为震惊，立即决定在岛上建造灯塔，设立救生站。

1802年，在塞布尔岛上建立了第一个救生站。救生站仅有一间板棚，里面放着一艘捕鲸快速艇，板棚附近有一个马厩，养着一群壮实的马。每天有4位救生员骑着马，两人一组在岛边巡逻，密切注视着过往船只的动向。

救生站建立后，发挥了巨大作用。1879年7月15日，美国一艘排水量2500吨的"什塔特·维尔基尼亚"号客轮载着129名旅客从纽约驶往英国的格拉斯哥，途中因大雾不幸在塞布尔岛南沙滩搁浅，但在救生站的全力营救下，全体船员顺利脱险。

1840年1月，英国的"米尔特尔"号被风暴刮进塞布尔岛的流沙浅滩，由于他们求生心切，在救援人员还未赶到时纷纷跳海，结果全部丧命。两个月之后，空无一人的"米尔特尔"被风暴从海滩中刮到海面，在亚速尔群岛又一次搁浅时，才被人们发现。

可怕的塞布尔岛已划入加拿大版图，岛上现已建有现代化设备的救生站、水文气象站、电台、灯塔，并备有直升机。每当夜幕降临时，在30千米远的地方便可以看到岛上东西两座灯塔闪烁的灯光。

每天24小时，岛上无线电导航台不停地向过往的各国船只发射电波信号警告。尽管近几十年航船在该岛罹难事件已大大减少，可有关塞布尔岛的古老民歌还在告诫人们，避开这可怕的坟场。

63

阿切斯岩拱——沧海与桑田的距离 >

美国作家爱德华·阿比曾经在阿切斯岩拱地区游览,他被眼前的美景深深地吸引住了:放眼望去,荒野上密布着铁锈色的拱形沙砂岩和鳍状的山丘,他在日记里写道:"这里是地球上最美丽的地方。"

如果我们可以把造就地球的百态现象的神秘力量称为造物主的话,那造物主的力量真是太美妙了,它不仅造就了高山低谷,也造就了长河溪流;它不仅造就了热带雨林,也造就了荒野冰川。如果这些是造物主严谨的创作,那么阿切斯岩拱就是它的游戏场了。

阿切斯岩拱是美国阿切斯公园的物质和精神支柱了。阿切斯国家公园位于犹他州沙漠中,1971年11月12日设立,所谓"阿切斯",即指公园内到处林立的大小式样不一的2000多个石拱。

几亿年前,海水曾在这块土地上随意来去,当大海决定永远撤离的时候,来不及跟着撤退的海水便蒸发成厚厚的盐层。随后,从山上冲下来的沙石与盐层混合,堆积成盐丘。1000万年前,无情的风雨、河流开始侵蚀这些"盐"石,科罗拉多河和绿河执意要一探岩石内部的盐心。随着被地下水的逐渐溶解,"盐"石内部终于剥落崩塌,缺口慢慢变大,形成石拱。

这是地球的沧海桑田的标本。在阿切斯国家公园,或是一方巨石擎天,或是石岩错落诡异,或是石拱圈住半个蓝天——当你阅读了地球面貌在这里亿万的无常变化,一定忍不住要赞叹大自然的鬼斧神工。

艾尔斯岩——孤独的坚守者 ＞

艾尔斯岩，基围周长约9千米，海拔867米，距地面的高度为348米，长3000米。它位于澳大利亚大陆的正中央，孤零零地奇迹般地凸起在那荒凉无垠的平坦荒漠之中，好似一座荒凉礼赞般的、超越时空的天然丰碑。对这块世界上独一无二的巨大岩石，至今科学家仍破解不出其确凿的来源。有的说是数亿年前从太空上坠落下来的流星石，其2/3沉入了地下，1/3浮在了地面；有的则说是1.2亿年前与澳大利亚大陆一起浮出水面的深海沉积物，恐怕这个难题将成为千古之谜。

65

• 发展历史

艾尔斯岩位于澳大利亚中北部的艾利斯斯普林斯西南方向约 340 千米处。艾尔斯岩高 348 米，长 3000 米，基围周长约 9 千米，东高宽而西低狭，是世界最大的整体岩石（体积虽巨，只是独块石头）。它气势雄峻，犹如一座超越时空的自然纪念碑，突兀于茫茫荒原之上，在耀眼的阳光下散发出迷人的光辉。1873 年一位名叫威廉·克里斯蒂·高斯的测量员横跨这片荒漠，当他又饥又渴之际发现眼前这块与天等高的石山，还以为是一种幻觉，难以置信。高斯来自南澳大利亚，故以当时南澳大利亚总理亨利·艾尔斯的名字命名这座石山。艾尔斯岩石俗称为我们"人类地球上的肚脐"，号称"世界七大奇景"之一，距今已有 4 亿—6 亿年历史。如今这里已辟为国家公园，每年有数十万人从世界各地纷纷慕名前来观赏巨石风采。

澳大利亚北部地方西南部的巨大独体岩，是突峇之一，是目前世界上最大的独体岩。这块独体岩（当地的澳大利亚原住民称它为"乌卢鲁"）是由长石沙岩构成，能随太阳高度的不同而变色。这块岩石在日落时分最令人惊艳，因夕照使它呈现火焰般的橙红色。

• 岩石成因

艾尔斯岩石底面呈椭圆形，形状有些像两端略圆的长面包。岩石成分为砾石，含铁量高，其表面因被氧化而发红，整体呈红色，因此又被称作红石。突兀在广袤的沙漠上，艾尔斯岩如巨兽卧地，又如饱经风霜的老人，在此雄伟地耸立了几亿年。由于地壳运动，巨石所在的阿玛迪斯盆地向上推挤形成大片岩石，而大约到了 3 亿年前，又一次神奇的地壳运动将这座巨大的石山推出了海面。经过亿万年来的风雨沧桑，大片沙岩已被风化为沙砾，只有这块巨石凭着它特有的硬度抵抗住了风剥雨蚀，且整体没有裂缝和断隙，成为地貌学上所说的"蚀余石"。但长期的风化侵蚀，

使其顶部圆滑光亮，并在四周陡崖上形成了一些自上而下的宽窄不一的沟槽和浅坑。因此，每当暴雨倾盆，在巨石的各个侧面上飞瀑倾泻，蔚为壮观。

土著人称这座石山为"乌卢鲁"，意思是"见面集会的地方"。西方人称之为"艾尔斯岩"。更迷人的是，艾尔斯岩仿佛是大自然中一个爱漂亮的模特，随着早晚和天气的改变而"换穿各种颜色的新衣"。当太阳从沙漠的边际冉冉升起时，巨石"披上浅红色的盛装"，鲜艳夺目、壮丽无比；到中午，则"穿上橙色的外衣"；当夕阳西下时，巨石则姹紫嫣红，在蔚蓝的天空下犹如熊熊的火焰在燃烧；至夜幕降临时，它又匆匆"换"上黄褐色的"夜礼服"，风姿绰约地回归大地母亲的怀抱。

• 众说纷纭

关于艾尔斯岩变色的缘由众说纷纭，而地质学家认为，这与它的成分有关。艾尔斯岩实际上是岩性坚硬、结构致密的石英沙岩，岩石表面的氧化物在一天阳光的不同角度照射下，就会不断地改变颜色。因此，艾尔斯岩被称为"五彩独石山"而平添了无限的神奇。

雨中的艾尔斯岩石气象万千，飞沙走石、暴雨狂飙的景象甚为壮观。待到风过雨停，石上又瀑布奔流、水汽迷蒙，又好似一位披着银色面纱的少女；向阳一面的几道若隐若现的彩虹，有如头上的光环，显得温柔多姿。雨水在岩隙里形成了许多水坑，而流到地上的雨水，浇灌周围的蓝灰檀香木、红桉树、金合欢丛以及沙漠橡树、沙丘草等植物，使艾尔斯岩突显勃勃生机。

扎达土林——天地灵气 >

扎达土林位于西藏阿里扎达县境内。为远古大湖湖盆及大河河床历千万年地质变迁而成。方圆近几百平方千米的土林内满是高低错落的"林木"，形态各异，并有早期人类洞窟遗址。

扎达土林是经流水侵蚀而形成的特殊地貌，在高原迷幻光影的衬托下，宛若神话世界。进入扎达土林，便会看到象泉河两岸土林环绕，巧夺天工，蜿蜒曲折数十里。有的形似勇士驻守山头，有的形似万马奔腾，有的形似虔诚教徒静坐修行。扎达土林，在距今约1100年前是强盛一时的古格王国的宫殿和寺院的遗址。

扎达土林面积达数百千米之阔，其地貌在地质学上称河湖相。专家考证，水位线递减，逐渐冲磨出"建筑物"惟妙惟肖的形状与层高，数十万年风雨的侵蚀，犹如神工鬼斧不间断地雕琢打磨，更使其玲珑剔透出神入化。

远远望去，满眼的金碧辉煌。近前观瞧，便会看到象泉河两岸土林环绕，道不尽天工巧夺。那举世无双的奇观，像庄严宏伟的庙宇，像壁垒森严的碉楼，像恢弘高耸的佛塔，像极尽豪华的古代宫殿，像古朴威严的欧式城堡，也有的或如万马奔腾、昂首啸天，或如教徒修行、虔诚静坐，天工万象，无可尽数。

土地的秘密

• 形成原因

扎达土林地貌是阿里的一大奇观。扎达土林地貌在地质学上叫河湖相，成因于百万年的地质变迁。地质学家考证，100多万年前，扎达到普兰之间是个方圆500多千米的大湖，喜马拉雅造山运动使湖盆升高，水位递减，湖底沉积的地层长期受流水切割，露出水面的山岩经风雨长期侵蚀，终于雕琢成今日的模样。扎达土林从北西到南东，海拔大体在4500米上下，绵延175千米，宽达45千米，是一片貌似北方的黄土高原。在245～600万年前，喜马拉雅山和冈底斯山海拔还相对低矮，在这两大山系之间，是一个面积广达70000平方千米的外流淡水湖盆，来自两大山区的河流，携带了大量砾卵石、细粉沙和黏土堆积于湖中。

随着高原不断上升，湖盆相对下陷，在数百万年间，湖盆中积累了厚达1900米的堆积物，主要是夹有砾卵石层的棕黄、褐色或灰黄色的半胶结细粉沙层，不仅外貌酷似黄土，而且由于有钙质胶结，具有类似黄土的直立不倒与大孔隙等性质，为以后风雨和流水雕琢成各种地貌造型提供了最基本的物质基础。扎达湖盆在数百万年间经历了沧桑巨变，早期是亚热带森林草原气候，在海拔大约2500米的海滨，驰骋着以三趾马和小古长颈鹿为主的动物群，湖中生长着似天鹅绒鹦鹉螺和介形虫等淡水生物，后期气候逐渐转凉，过渡到

温带森林到草原气候。

从200多万年前起，高原整体大幅度隆升，在湖盆与其下游的印度河平原之间形成巨大落差，古扎达湖盆的湖水经由古朗钦藏布急速外泄而最终被疏干，暴露出来的湖底在干旱、寒冷的气候环境中，地表植被稀疏，受到河流和季节性水流的冲蚀，形成纵横交错的千沟万壑，原本平坦的高原湖盆面被深深刻切。在沟谷之间的悬崖上，雨水和细流沿垂直的裂隙或软弱带向下冲刷，较为完整和坚硬的部分保留下来，形成板状或柱状土体，突出在崖头或崖壁上，犹如残墙断垣，远远望去，整个土体就像是一座森严壁垒的古堡，因此又称古堡式残丘。有些板状或柱状土体被剥离开崖壁而成孤立的土柱、土塔，如此柱、塔丛生，便成为著名的土林。

扎达土林中有一些形态怪异的土体造型坐落在崖壁和土林上，拟人拟物或拟兽，任凭人们去发挥自己的想象力。中国各类土林分布甚广，而扎达的土林高大挺拔，在高原的雪山和蓝天衬托下别具特色。昔日沉积在湖底的岩层，以不同的色调、层理结构和物质组成，以及包容在岩层内部的古动植物化石，为人们解读高原古地理、古环境的变迁提供直接或间接的证据，这里是科学家们研究高原隆起的大自然实验室。扎达土林已经具备了申报世界自然遗产的条件。

• 神秘

扎达土林大气之中还透着秀气及一丝灵气，好像天生就是与人世相结合似的。任何一座土丘，任何一群土山，任何一片土林，都可以让旅者有所思索。在神秘的历史背后，依稀中感觉到这土林就像是在再现这片土地上曾经发生过的历史一样。扎达县城依着托林寺一路向山边发展。托林寺虽然是千年古寺，却也与民居、学校错落相间，你中有我，我中有你。象泉河边的一大片土塔林，就与民居挨得紧紧的。

• 霞光

人们都说阿里扎达的霞光是最美丽的，霞光中的土林是最迷人的。那是水平岩层地貌经洪水冲刷、风化剥蚀而形成的独特地貌，陡峭挺拔，雄伟多姿。蜿蜒的象泉河水在土林的峡谷中静静流淌，宛若置身于仙境中，梦游一个奇幻无比的世界。明丽的晚霞赋予土林生命的灵光，似一座座城堡、一群群碉楼、一顶顶帐篷、一层层宫殿，参差嵯峨，仪态万千，面对着大自然的杰作真让人惊叹不已。

扎达土林位于这片土林的边缘，象泉河谷的南侧。日落时分，寂寥的村落与大地共融一色，仿佛昭示着世界亘古如斯般平静。然而，在距今大约 1100 年前，同样的金色余晖中，伫立着的却是强盛一时的古格王国的辉煌宫殿和宏伟寺院。从现存的残颓遗址可以想见，当时气象之盛，场面之巨，远非眼前这般光景可比。札不让，从一个巍峨的都城到籍籍无名的小村地名的嬗变，多少令人在感叹天地造化土林之功以后，又叹世事沧桑之巨变。

火山爆发造就独特地貌

卡帕多西亚的地貌异常奇特，堪称地质学上的奇观。只见平地之上耸立着许多远观形如石笋，近看却又形状各异的小山峰。石峰大多呈白色或灰白色，乍一看极似沙堡，亲手触摸才感觉出是质地坚硬的石头。据专家考证，数百万年前，位于今天土耳其境内的埃尔吉耶斯等多座火山大规模爆发，散落的火山灰在这一地区逐渐沉积下来，经过长达数千年的风化和雨水冲刷，最终形成了今天独特的地形地貌。在阳光的照射下，成群的石峰错落有致，折射出耀眼的光芒，蔚为壮观，走在这里仿佛是在外星球漫步，心中一丝荒凉的感觉油然而生。

土耳其地下城——与信仰同在 〉

在土耳其首都安卡拉东南约300千米，有一片神奇的土地：在这里，大自然的鬼斧神工带来了令人类叹为观止的奇异景观，无数先民创造的文明奇迹又为这里平添了更为灿烂的光彩，这就是卡帕多西亚石窟。

• 远离城市苦心修行

卡帕多西亚的气候十分恶劣，冬天时常严寒刺骨，夏天气温却能达到40℃。然而正是这种恶劣的生存条件，才吸引了许多渴望苦修的隐士们。历史上，基督教很早就流入了卡帕多西亚地区。随着康斯坦丁大帝宣布承认基督教为国教，基督徒们原先备受煎熬的日子为和平安宁的生活所取代，一些虔诚的基督徒觉得通过这样安逸的生活再也无法达到修行的目的，于是他们开始寻找适合苦修生活的地方，卡帕多西亚成了他们理想的选择。

在卡帕多西亚，一个不大的尖岩可能就是一个教堂。这些教堂完全是在岩石中开凿而出，虽然外表朴实无华，但教堂内部五脏俱全，结构较复杂的教堂还依岩石自身的形状设计有后殿和三重后殿。尽管不需要支柱等承重设施，教堂内还是设计有圆柱和拱顶等装饰，并且绘有赭红色的壁画。

• 躲入地下防范敌人

当你为这些岩石教堂惊叹的时候，你也许不曾想到，其实你只看到了奇迹的一半。在卡帕多西亚地区的地表以下，还隐藏着一个巨大的"地下城市"。没人知道卡帕多西亚地区的"地下城"是何时开始修建的，一般的说法是，为逃避罗马统治者的迫害，一部分基督徒曾来到这里，他们发现这里的火山岩质地较软容易开凿，于是就在这里兴建了地洞，以防御追兵。到公元7至8世纪，阿拉伯人入侵安纳托利亚，东正教徒逃到卡帕多西亚避难，并将地洞逐渐发展成为规模庞大的地下城。

在已发现的36座地下城中，规模较大的是德林库尤地下城。德林库尤地下城约有18至20层，一直深入到70至90米的地下。地下城市的设计很巧妙，走在这里丝毫感觉不到憋闷，这一切都归功于至今仍能正常工作的通风系统。"德林库尤"在土耳其语中意为"深井"，正如这个名字一样，德林库尤地下城里有相当数量直通地面的水井，各层居民不仅可以站在井边打水，新鲜的空气也从这些天井进入到地下。

德林库尤地下城有1200多个房间，为便于长期在地下生活，居民还修建了功能各异的房间，有储藏室、葡萄酒窖、厨房、教堂、坟墓、学校，甚至还有畜养动物的地方。城市的居民平时生活在地上，每当有外敌入侵时，人们就会迅速从地表撤入地下，并在坑道中枢用巨石封堵，控制住进入的道路，将敌人挡在门外。这里最多可藏匿1万人，让人不禁想起了中国抗日战争时期抗日军民修建的地道，真是颇有异曲同工之妙。

● 世外桃源

可可西里——野生动物乐园 >

　　"可可西里"蒙语意为"美丽的少女"。藏语称该地区为"阿钦公加",是目前世界上原始生态环境保存最完美的地区之一,也是目前中国建成的面积最大、海拔最高、野生动物资源最为丰富的自然保护区之一。可可西里气候严寒,自然条件恶劣,人类无法长期居住,被誉为"生命的禁区"。然而正因为如此,给高原野生动物创造了得天独厚的生存条件,成为"野生动物的乐园"。

> 可可西里与可可西里自然保护区

　　"可可西里（地区）"同"可可西里自然保护区"是不同的地理概念。"可可西里自然保护区"只是"可可西里（地区）"的一部分。整个可可西里地区包括西藏北部的"羌塘草原"地区、青海昆仑山以南地区和新疆的同西藏、青海毗邻的地区。国家在划分自然保护区时将整个"可可西里（地区）"根据行政区划，以省界为界分为了"西藏羌塘自然保护区""新疆阿尔金山自然保护区"和"新疆北昆仑自然保护区"以及"青海三江源自然保护区"和"青海可可西里自然保护区"（以青藏公路为界，东为三江源自然保护区，西为可可西里自然保护区）。

77

鲁文佐里山脉——月亮山的秘密 ＞

鲁文佐里山脉是乌干达和刚果（金）两国边界上的山脉，南北长约130千米，最大宽度50千米，位于爱德华湖和艾伯特湖之间。鲁文佐里山脉位于赤道上的山峰终年积雪，幻妙的奇景被浓雾遮盖。1952年，鲁文佐里国家公园建立，它位于乌干达西南部绵延起伏的平原和鲁文佐里山南麓的丘陵上，面积1978平方千米，许多更新世火山口点缀其间，是乌干达最大的公园之一。

● 地质构造

鲁文佐里山脉约形成于200万年以前。它沿扎伊尔和乌干达两国边界延伸，按非洲当地语言，"鲁文佐里"的意思是"造雨者"。确实，这里雨、雾甚多，一年中山峰笼罩在云中达300天。

鲁文佐里山脉能够显露出奇异的光芒，并不完全靠雪，岩石本身也发光，因为覆盖着花岗岩的云母片岩会发光，这是由地壳运动产生出的炽热和高压形成的。

在地质学上，鲁文佐里山脉是由一块巨大的陆地向上隆起，然后剧烈倾斜而形成的。前后历时不到1000万年。就时间而论，其形成期并不长。因为它比较年轻，所以仍然十分嶙峋。六座高山直插苍穹，都有冰川缓缓流入山谷。大山之间隔有隘口和深河谷，河谷上游有冰川和小湖，东侧雪线海拔4511米，西侧4846米。与多数非洲雪峰不同，它不是由火山形成的，而是一个巨大的地垒，最高点是斯坦利山的玛格丽塔峰，海拔5119米。

• 茂密植被

鲁文佐里山脉是非洲大陆很少几处有永久冰雪覆盖的山脉之一。气候随山体高度和朝向而变化，南坡高约2500米，较为潮湿，是降水最多的地区。每天的温度明显地变动于15℃~21℃之间。山顶常年笼罩在薄雾中。

山脉的最高点是玛格丽塔峰。沿山上行，生态环境的变化幅度很大，山脚下覆盖着茂密的草地。草地延伸的高度约为1200~1500米间，在那里草地让位于高大的森林。这里的优势树种是雪松、樟树和罗汉松，它们生长的高度可达49米。雨林占优势的高度可上抵2400米，雨林在那里消失在竹林中。竹林生长得很密集，以致野兽和阳光都穿不透它。竹子可长至15米高。3000多米以上是亚高山沼泽地带，占优势的是苔草和粗劣的生草草地，

以及由刺柏和罗汉松组成的树林。扭曲多节的树枝张灯结彩般地装饰着苔藓、欧龙牙草、蕨类以及长长的彩带般的地衣，它们均在终年潮湿的大气中茁壮成长。这种戏剧性的虚幻效果，为它赢得"月亮山"的美名。再往高处，4270米以上，是由湖泊、冰斗湖、冰瀑和独特的植物群组成的高山带。长得低矮的草本植物通常在这里占很大比重。常见的树种有千里光、半边莲和金丝桃，它们均可长至9米高，而且有厚层软木般的树皮。这里地表覆盖着厚厚的枯枝落叶层。在每枝树枝的末端有由宽大的肉质叶片组成的莲座叶丛，叶面覆有细粉状的银毛。这些莲座叶丛围绕着敏感的生长点，当晚上气温骤降时，叶片包封住它以免受寒害。

• 多样动物

鲁文佐里山脉不仅仅植物区系具有独特性，众多的山坡也维持着一个复杂多样的动物区系。鲁文佐里山脉有不少于 37 种的地方性鸟类和 14 种蝴蝶。鸟类包括奇异的红头鹦鹉和蓝冠蕉鹃。在森林中常能见到它们像一道彩色的闪光一样飞过。鸟类的天敌很多，如黑雕、隼鹰，但隼鹰还能捕食森林中的猴子。

高大的森林也是多种哺乳动物的栖息地，包括象、黑犀牛、小羚羊以及肯尼亚林羚、黑疣猴、白疣猴和丛猴。难以捉摸的㺢㹢狓（长颈鹿的亲属）、野猪、野牛在布满草和沼泽的较开阔的林间空地觅食。然而山地森林中最著名的栖息动物则是山地大猩猩，它是该生态条件下的特有种。现今尚存的野生山地大猩猩不足 400 只，非常珍稀而且处于高度濒危状态。它们遭受着人类直接迫害和丧失生态环境的双重灾难。不像其近亲黑猩猩，山地大猩猩是一种安详的动物，除了植物的嫩芽和木髓外不吃其他东西，它决不以任何肉类为补充食物。山地大猩猩约 10 只一群，由一雌性或"银背"大猩猩（雄性）为主，带几只雌性和年幼大猩猩。当山地大猩猩取食时，极具破坏性，一旦食毕，该地区似乎被劫掠一空，满目疮痍。但是，在其离开几个月后，山地大猩猩喜爱的植物重新生长，且生机盎然。

隼鹰

• 环境特点

　　似乎这里的每样东西都比其正常尺寸至少大一倍。鲁文佐里蚯蚓可长达 1 米，与人的拇指一样粗。这里的黑猪是非洲野猪中的庞然大物。重约 160 千克，站立高度至肩部为 1 米。一种在许多花园里经常见到的名叫半边莲的植物，在这里变成了 2 米高的烛形花穗。山上的竹子长到 9~12 米，蓑衣草长到 1.8 米。植物学家认为这里的动物、植物之所以生长得特别高大，是因为雨量丰富。阳光充足以及土壤呈酸性。

　　虽然地处赤道以北仅 48 千米，鲁文佐里诸山峰仍终年带着银白色的雪冠。不失美丽，鲁文佐里因此而引人注目。1888 年英国探险家亨利·莫顿·斯坦利是见到鲁文佐里山脉的第一个欧洲人，但希腊地理学家托勒密论述"月亮山脉"的著作中说该山脉是尼罗河之源。后人认为他所指的山脉便是鲁文佐里。

半边莲

81

绒布冰川——行走在消逝中 >

绒布冰川地处珠穆朗玛峰脚下海拔5300米到6300米的广阔地带，由西绒布冰川和中绒布冰川这两大冰川共同组成。

珠峰地区是中国大陆性冰川的活动中心，面积在10平方千米以上的山岳冰川就有15条，其中最大、最为著名的是复式山谷冰川——绒布冰川，它全长22.4千米，面积达85.4平方千米。

绒布冰川的冰舌平均宽1.4千米，平均厚度达120米，最厚处在300米以上，是西藏最雄奇的景色之一。这些冰川类型齐全，其上限一般在7260米。冰川的补给主要靠印度洋季风带两大降水带积雪变质形成。

冰川上有千姿百态、瑰丽罕见的冰塔林、冰茸、冰桥、冰塔等，千奇百怪，美不胜收。又有高达数十米的冰陡崖和步步陷阱的明暗冰裂隙，还有险象环生的冰崩雪崩区。

• 冰川奇景

珠峰地区纬度低，太阳辐射强，冰川表面的小气候差异，造成冰面差别消融（"差别消融"就是冰的融化速度不同），形成许多奇丽的景色。

在 5800 米左右的冰川上，举目所及，一片洁白。天公造物，神奇无比，令人目不暇接，那宛如古代城堡般的悬岩，层次分明，风化岩石形成的高大石柱、石笋、石剑、石塔，成群结队，风情万种，绵延数千米。

由于景色奇绝，故被登山探险者们誉为世界最大的"高山上的公园"。3 条冰川汇集后向北延伸，把巍巍珠峰托起。珠峰就像一座顶天立地的巨型金字塔，顶峰直插云天，极为壮观。凝视珠峰，人们会久久沉浸在那超凡脱俗、雄壮肃穆的气氛之中。

冰蘑菇，是大石块被细细的冰柱所支撑，有的可高达 5 米。冰桥像条晶莹的纽带，连接着两个陡坎，像是有意为两个陡坎"保媒搭线"。冰墙陡峭直立，像座巨大的屏风，让人生畏。冰芽、冰针则作为奇异美景的点缀，处处可见。最令人称奇的还要数那千姿百态的冰塔林了。在海拔 5700 米到 6300 米的地段，是"水晶宝塔"——冰塔林的世界。珠峰北坡绒布冰川上，发育有 5.5 千米长的冰塔林带。乳白色的冰塔拔地而起，一座接一座，高达数十米。有的像威严的金字塔；有的像肃穆的古刹钟楼；有的像锋利的宝剑，直刺云天；有的像温顺的长颈鹿在安详漫步，个个晶莹夺目。难怪人们都说，进了冰塔林，就如同把自己置身于上苍的仙境中了。

83

●奇特重力旋涡

俄勒冈旋涡 ＞

美国俄勒冈州格兰特山岭和沙甸之间的地方，有一片似魔法的森林：鸟儿飞过森林上空时，就开始扑腾起来，好像有一种力量粘住它的翅膀，使它往下坠；马儿来到森林附近，也会惊恐地回避，拒绝朝前走。这片森林的中心就是有名的"俄勒冈旋涡"所在地。

在美国俄勒冈州格兰特狭口外，沙甸河一带，有一个仅50平方米的怪异的地方，被称为"俄勒冈旋涡"。这里有一座古旧的木屋，其歪斜程度犹如比萨斜塔。走进木屋，会感到有一种巨大的拉力把你往下拉，就像是地心引力突然加强了。如果往后退，还会感到有一只无形的手

将你拉向木屋中心。

一到"俄勒冈旋涡"，马会本能地回避，飞鸟也会突然地回头下垂，树干则倾向北极。

在这座木房子里，任何成群飘浮着的物体都会聚成旋涡状。在小屋里吸烟，上升的烟气即使有风也是慢慢地流动，逐渐加速自旋成旋涡状。撒出撕碎的纸片也飞舞成旋涡，就好像有人在空中搅拌纸片似的。

许多科学家对此谜进行过长时间考察，他们用铁链连着一个13千克的钢球，把它吊在木屋的横梁上，这个钢球明显地违背了重力定律，倾斜成某个角度，晃向"旋涡"中心。你可以轻易地把钢球推向"旋涡"中心，但要把它推向外却很难。

后来用仪器测定，显示这里有个直径约50米的磁力圈。但这个磁力圈不是固定不动，而是以9天为一周期，循圆形轨道移动。

土地的秘密

• 科学释义

"俄勒冈旋涡"的力量确实存在，但这究竟是什么力量？如何产生的？人们不得而知。无独有偶，在美国加利福尼亚州蒙特雷湾北崴岸圣克鲁斯市附近也有块不大的异常地带，飞机从它上空飞过，所有的表盘指示器都瞬间失灵。这里生长的树木，都朝同一方向倾斜。自从它在1940年被发现之后，不少游客和科学家都涌来参观和研究。这里也有一个倾斜欲倒的小屋，进屋的人都打破了地心引力定律而倾斜站立，有人竟倾斜45度站立而不会倒下。在这里，正常的人会感到头晕难以适应。

进入森林中，你会惊奇地发现，所有的树木都奇怪地向着森林中心倾斜。森林中心高高的树丛中围着一片草地，树丛的树叶都不往高处生长。草地所在处是一片低低的山丘，距顶端约10米有一座古老的木屋。

这是古时淘金人住的房子，小房原来建在山丘的顶端，不知何时有了移动。淘金人原来一直在这间小木房里秤砂金，但到1890年以后，秤却出现了错乱，随后小木房就废弃不用了。自此小木房就变得愈加神秘起来。

人们一踏进房子，身子就好像被无形的绳索拽着要向前倾倒，一般斜度达10度左右。如果你想往后退，离开那座小屋，就会觉得有一种力量往回拉你。仔细观察，整间木屋都在倾斜。地上摆着棋子、空玻璃瓶、小球等，推动一下，它们就会奇妙地沿着斜面从低处滚向高处，而绝不会后退半寸。

86

重力之山 ＞

在乌拉圭的温泉疗养区巴列纳角有一块异常区,汽车开到这里停住,有一种奇特的力量推动车辆继续前进,上坡爬行几米才刹住,平坦路段则自动滑行几十米。

美国犹他州也有一条"重力之山"斜坡道。通过这段斜坡的公路长约500米,若驱车而下,在半途刹住车,车子竟然会慢慢后退,像一股无形的力量拽着,硬是往坡顶爬去。但婴儿车、篮球等从坡顶放下去,总是一滚到底,从未出现往坡顶倒爬的现象。经过无数次的实验证明,质量越大的物体越容易往坡上爬,质量过轻就不能产生这种效应。

津巴布韦魔潭 >

宇宙中最强大的引力场,据说就是黑洞,它所产生的引力使光都无法逃脱。正是这番缘故,科学家到现在还无从确认这种极端黑暗的天体残骸究竟存在于何处。不过,人们已经发现在地球上也存在着某种强引力场,被猜测得最多的是著名的"百慕大三角区";此且不提,这里首先要说的是非洲西诺亚洞中的"魔潭"。

西诺亚洞是津巴布韦境内的一处古人类穴居遗址,它是由明深潭组成的。深潭位于一个竖井般直伸地面的石洞底部,距地面数十米;一潭深蓝色的清水宛若一块巨大的宝石晶莹闪光。石洞直壁上有透穴同明暗两洞相望,石洞的下部有一穴口,潭水从这里流出,绵延形成长达15千米的地下河。

洞中的深潭为什么有"魔潭"之称呢?原来它有一种魔法般的引力。明明潭面只有10余米宽,按理说将一块石头从水潭的此岸扔向彼岸的石壁,不该费什么力气,可事实上连大力士都绝对无法将石头扔过去,飞石一过潭面必定要下坠入水。不可能吗?也确有不服气的,人力不行,就借助于枪械。但一颗子弹射出去,同样不等击中深潭对面的石壁,就如同被什么神力吸住了似的,往下一栽溅落潭中。

这样的实验已进行过无数次。西诺亚洞中的魔潭的这种神奇得令人难以置信的引力由何而来?直到今天,没有人能够揭开这个秘密。

异河 〉

地球上类似的重力之谜很多。谁都知道，地心引力制约着地球表面物体的运动，河水因此也只能往低处流。可是，如果你有机会到我国台湾省台东县一条公路附近开辟的观光点去看看，就会怀疑地心引力在此地是否失常了。你不得不睁大自己的眼睛，这里有一股河水分明是傍着山脚往上流去的，是名副其实的"逆流河"，真是奇怪。看到四周的游客们在为"水往高处流"的奇景而咋舌时，你又该作何想呢？难道是地心引力的指向在这里出了毛病？

变位石 〉

物理学告诉人们，地球上的物体重量在不同的地区会因地心引力的差异而有细小的差别。但保存在我国贵州省惠水县村民罗大荣家中的一块贝壳类化石，却可以随时随地自行增减重量达2千克左右。这种现象，同人们对地心引力与物体重量常规关系的认识是相矛盾的。

这块不寻常的椭圆形石头，其直径为29.1厘米，宽度为25.9厘米，高度为18.2厘米，周长为88.6厘米。圆石表面透出一层古铜色，错综盘绕的石纹构成了类似穿山甲鳞片、仰翻着的手掌以及对称的马蹄形等图形。据化石主人罗大荣说，最初称石时有22.5千克。朋友们在1989春节时来观赏"宝石"，再过秤时化石质量变成了25千克。随后一连数天，分别换了8杆秤反复校验，才发现这块圆石最重时是25千克，最轻时是22.5千克，质量上下变化2.5千克。

研究人员在一次测定中记录了当天11时13分、11时43分、12时28分这3个时

刻里化石的质量：分别为21.8千克、22.8千克、23.8千克。在短短的1小时15分钟的时间里，圆石的质量竟增加了2千克。这块"变量石"名不虚传。

化石的质量为何有增有减且如此显著呢？这种变化是否对应于重力场的某种变化呢？无独有偶，俄罗斯普列谢耶湖东北处也有一块可能联系着重力现象新奥秘的石头。与自行改变重量的中国化石不同，这是一块能够自行移动位置的"变位石"。该石呈蓝色，直径近1.5米，重达数吨，近300年来它已经数次变换位置。自1840年蓝色怪石出现在普列谢耶湖畔后，如今它向南移动了数千米。

17世纪初，人们在阿列克赛山脚下发现了这块会"走路的"巨石，后来人们把它移入附近一个挖好的大坑中。数十年后，蓝色怪石不知何故竟移到了大坑边上。1785年冬天，人们决定用这块石头建造一座新钟楼，同时也为的是"压制"它。当人们在冰面上移动它时，不小心让它坠落湖底。而到了1840年末，这块巨大蓝石竟躺在普列谢耶湖岸边了。

科学家们对这一奇特的现象进行了长时间分析研究，但始终未能解开其中奥秘。"变位石"同重力场之间究竟存在着怎样的联系呢？

护珠塔不倒之谜 〉

如果说意大利的比萨斜塔是因倾斜而不倒成为世界之谜的话，那么中国的护珠塔应是斜塔不倒的第一谜。因为比萨斜塔倾斜5度16分，而护珠塔已倾斜达约6度52分。

护珠塔建于北宋元丰二年（公元1079年），坐落在上海市"松郡九峰"的最高峰天马山上。该塔是一座7层八角形砖木结构的楼阁式宝塔，也称宝光塔。在清乾隆五十三年（1788年）时，因山上佛事燃放爆竹引起火灾，烧毁了塔心木和各层木结构，引起塔身倾斜。现塔高约30多米。

相传古代造塔时，为了使砖层平整，宝塔坚固，以及用来镇妖避邪的迷信目的，塔的砖缝里填有铜钱。因后来不断有人在塔砖中寻找铜钱，把塔砖拆掉，致使塔的底层1/3的砖已没有了，塔的底部被毁坏，逐渐倾倒。整个斜塔仅靠2/3不到的底层砖墙支撑，宝塔向东南倾斜达约6度52分之多。

千年古塔在200多年间，既遭大火焚烧，塔基又被破坏，塔身严重倾斜，却始终斜而不倒，屹立于天马山巅。这真是一个难解的谜。护珠塔斜而不倒，在当地有这么个传说。塔的东南面有一株古银杏树，是500年前松郡九峰的辰山仙人彭素云种的，树的枝叶都向西，树虽枯死，但它的神力仍在。由于这棵树的神力遥相支撑，才使倾向东南的塔始终不倒。这只是一个美好的传说，当

然不足为信。不少人认为这与古代造塔的技艺有关。他们指出，古代用糯米饭拌以桐油石灰来黏合砖块，这种黏合剂的强度甚至超过现代的水泥砂浆。护珠塔用这种优良的黏合剂，加上古代砌砖技艺的精湛，使整座塔能够浑然一体，再加上这种黏合剂随着建筑时间推移会越来越坚固，因此残缺的塔砖不会一块块塌落。据1984年上海文物管理部门抢修该塔时发现，塔身上部虽已倾斜，埋入地下的塔基却没有松动。所以人们认为这是塔斜而不倒的原因。

　　但是，另据有关专家考察研究，古塔不倒是当地地质构造的关系。由于天马山护珠塔是建造在沉降不均匀的地基上，东南方向土质较软，西北方向土质较硬，所以塔向东南方向倾斜。但江浙一带多东南风，护珠塔建在天马山顶，四周空旷，所受东南风力更强。因此，塔的倾斜力与风力相平衡，风力还起到支撑作用，使护珠塔斜而不倒。

　　尽管解说众多，但人们了解到的事实是，在乾隆年间斜塔遭大火焚烧后的200多年中，无数次狂风暴雨，把山下的房屋都吹倒了；1954年刮12级台风时，吹倒了塔下的大殿；1984年黄海地震，上海市区的房屋都受到了摇摆震动……为什么护珠塔能在天马山巅屹立不动呢？这是不是同地球上的神秘地带有关呢？这只有揭开护珠塔斜而不倒之谜才能弄清楚。

神奇的"福地" >

在美国阿拉斯加州安哥罗东北部的麦坦纳加山谷和俄罗斯濒临太平洋的萨哈林岛（库页岛）是两个神奇的地方。那里的蔬菜长得硕大异常：土豆如篮球，白萝卜20多千克一个，红萝卜有20厘米粗、约35厘米长，一颗卷心菜重达30千克，豌豆和大豆会长到2米高，牧草也可以没过骑马者的头顶。所以被人称作"巨菜谷"。

有人怀疑这是一些特殊品种的蔬菜，但经考察研究，都是一些普通蔬菜。要是不信，将外地蔬菜籽拿去，只要经过几代繁衍，也会在那里变得出奇的高大，而把那里的植物移往他处，不出两年就退化成和普通植物一样。这种离奇的现象让人无法理解。

为什么这两地的蔬菜会如此巨大呢？有人认为，这两个地方都处在高纬度地带，夏季日照时间长。然而，位于相同纬度的其他地方并未见有如此高大的同类植物。也有人认为，这是悬殊的日夜温差起的作用，但这同样无法解释有类似气候条件的其他地方为什么没有这一奇异现象。有人则认为是富饶的土质或者土中有什么特别的刺激生长的物质所起的作用，但实地化验却提供不出可用以说明这里土质特殊的资料和数据。还有人认为起作用的是上述各种条件的综合。

处于同一纬度的其他地方由于不具备如此巧合的几方面条件，所以生长不出这样高大的蔬菜和植物。但是，这又无法解释为什么萨哈林荞麦在欧洲第一年可以照样长得巨大。近些年，有人注意到有一种寄生在植物幼芽上的细菌会分泌一种赤霉素，这种植物激素具有促使植物神速生长的奇效。因此，他们认为该两地的巨型植物的出现，可能是某种适宜于当地生长的微生物的功劳。但究竟是哪种微生物，目前还没有查清。

要是说"巨菜谷"还牵涉到植物种子的话，那么在我国也有一个地方，竟不用播种也能收获油菜籽。这块不种自收的神奇"福地"在湖北兴山县。在该县的香溪附近，有一块面积200平方千米的土地，当地人每年冬天将山坡上的杂草灌木砍倒，到春天用火将草木烧掉，待几场春雨深洒后，地里就会自己长出碧绿的油菜来。到了4月中旬油菜花开季节，只见漫山遍野一片金黄，喜得当地人过着这种不种自丰收的生活。

据当地人说，这里的20多个村庄，每户人家每年都可收野生油菜籽60多千克，基本上可满足当地人的生活用油。就连1935年那年山洪暴发，坡上的树都被连根拔走了，可第二年春天这里依然到处是野生的油菜。

不少科学家曾到此作过考察，也作过种种解释，但始终没有一种理论能确切说明这里出现的奇迹。

● 被拒之门外的重地

这个世界充满了神秘，有的我们根本一无所知，有的即使我们想一探究竟也会被拒之门外。这一章列举了世界上十大你去不了的重地。

梅日戈尔耶镇 〉

梅日戈尔耶镇是俄罗斯一个封闭的村镇,据传闻,镇里住的都是在亚曼塔瓦山周边从事高度机密任务的工作人员,直到1979年这个小镇才为世人所发现。亚曼塔瓦山高达1640米,是乌拉尔山脉南部最高的山峰,连接着考斯温斯凯山脉(向北600千米)。它曾被美国怀疑是一所工程浩大的核设施之地,抑或是一所煤仓。在20世纪90年代苏联解体后,美国卫星影像观测到了此处进行的大型发掘工程,而那时正值鲍里斯·叶利钦亲西方时期。在设施顶部修建了两座军事要塞——别洛列茨克-15和别洛列茨克-16。不管美国如何反复盘问关于亚曼塔瓦山的问题,俄罗斯政府都只会给出让其无语的一些回答。他们说那不过是一个矿场,一个俄罗斯财政部的储藏库,一个食物储藏区或者是领导人核战时的避难所。

梵蒂冈机密档案室 〉

在以前的排行榜中也提及过此处——这个档案室除了名字很"机密"外，别无其他机密可言。你可以阅览想看的文件，但不可以进入档案室。你必须提交文件阅览的申请书，然后档案室就会将文档提供给你。与朗·霍德华和丹·布朗联合制作的电影《天使与魔鬼》不同，这里的文件是全部可以阅览的，但并没有被禁的科学理论和巨著的备份。在这里面你唯一不可以一窥究竟的是75年内的文件（旨在保护外交和政府信息）。档案室为那些有意阅览者提供目录索引。据估计，梵蒂冈机密档案室的书架有84千米，仅可供参考的目录就有35000卷。

33号俱乐部 〉

　　和大众所认为的相反，迪斯尼是有酒水
供应许可证的。不过只有在大众观光时段结
束后，公园才会给私人聚会提供酒水。然而，
在迪斯尼新奥尔良广场的轴心处，有一个私
人俱乐部——33号俱乐部，里面竟常年提供
酒水。这个在主题公园里一直披着神秘面纱
俱乐部的入口挨着坐落在"33号皇室大街"
的蓝河餐馆。俱乐部的门头上有块刻着33醒
目而华丽的地址铭牌。上缴约1到3万美元的
会费就能加入并成为俱乐部的会员，会员有
私人停车位。但是如果你想加入，那么排队
估计得排到14年后了。

莫斯科地铁2 >

俄罗斯莫斯科地铁2是传说中和莫斯科公共地铁并行的地铁系统。这个地铁系统可能在斯大林时期就开始修建，并被苏联国家安全委员会命名为D-6。对于俄罗斯新闻记者的报道，俄罗斯联邦安全局和莫斯科地铁局态度暧昧，不置可否。据传闻，莫斯科地铁2的长度甚至超过了莫斯科公共地铁。其有4条主干道，皆伏于地下50~200米处。莫斯科地铁2连接着克里姆林宫、俄罗斯联邦安全局指挥部、伏努科沃-2的政府机场、若曼奇的一个地下城以及其他国家重地。不用说了，连其是否存在都不可获知，想参观它当然是难上加难。

怀特绅士俱乐部 〉

怀特俱乐部是英国最为独特的绅士俱乐部。这个俱乐部由弗朗西斯科·比安科（即弗朗斯西·怀特）创立于1693年。俱乐部开始是为了卖当时流行的巧克力热饮，而最终却成为一个典型而又极具私人化的绅士俱乐部。怀特俱乐部以其会员们各式各样的奇异赌博而出名。其中最为著名的是押注3000英镑来赌窗玻璃上的两滴雨滴，哪一个先流下。那么我们将怀特俱乐部列举上榜的原因何在呢？首先女士们是不能入内的，这就排除了一半的读者。再者，想加入该俱乐部的男士必须要受到一位现会员的邀请，并且此举还要得到另外两位会员的首肯。除非你是皇室成员、大权在握的高官或者名演员，否则想获得怀特俱乐部的独特邀请几乎是不可能的。

51区 >

　　许多读者对51区望穿秋水。51区是美国西部南内达华州的一个军事基地的别称，其位于拉斯维加斯市区的西北方位133千米。此军事基地的中心（也就是马夫湖南岸）有着全美最大的秘密军事机场。而这个军事基地的主要用途就是为了进行飞机和武器系统的研发测试。美国政府对此军事基地的保密使得其披上了一层神秘的面纱，并且这也使其成为大众口中阴谋论和不明飞行物的核心。

103

39号房间 >

39号房（亦可称为39局）是朝鲜最为机密的组织之一。其职能就是为了给朝鲜国防委员会主席提供国外的实时动态。39号房初建于1970年代末期，是朝鲜所谓的以金氏家族王朝为中心的"政治经济"的命门所在。由于组织的严密性，大众对39号房知之甚少。这个归朝鲜国防委员会主席一手管辖的部门旗下有120家外贸公司，而朝鲜拒绝任何移民活动。据传闻39号房位于朝鲜首都平壤的某个劳动党大楼之内。

伊势神宫 〉

　　伊势神宫(每20年此神宫将被推倒重建一次,所以伊势神宫并非只有一个,距今已经有超过100个伊势神宫了)是日本最为神圣的神宫。此神宫乃是为了供奉天照大神(太阳神),自公元前4年神宫就存在于世间了。神宫主殿供奉着日本最为重要之物:八咫镜(此镜源自日本神话,传闻最终被日本的首位帝王所执)。伊势神宫每隔20年就得摧毁并重建,以此来迎合日本神道思想中的生死轮回。神宫在榜单中如此靠前的原因是,如果你不是出自日本皇族,想进去门儿都没有。所以除非有日本的皇子或者公主正在浏览此地,要不你最多也就望一望伊势神宫的茅草屋顶吧。

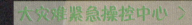

大灾难紧急操控中心 ＞

　　此地不仅不对公众开放，而且公众永远都不希望踏入!在很多有关"世界末日"的影片中，都会提到一个高度机密的地方，美国的政府要员和精英人士躲避即将来临的世界末日的地方。那地方正是这个大灾难紧急操控中心! 此中心由于冷战原因建于上世纪50年代，但其至今仍然工作。因为它是"最后的希望"之所，所以保持高度机密是理所当然的了。此处由联邦紧急事件管理中心（FEMA）管辖。这个操控中心一直处于运作之中，当美国发生局部小灾难时，大部分的通讯转接都是由此处完成。

曼威斯山英国皇家空军 〉

　　曼威斯山英国皇家空军是英国一个和美国埃施朗全球谍报网相勾连的军事基地。它是一个通讯拦截和导弹预警站，其内含一座巨大的卫星地面站，是全球最大的电子信息监控台。隶属美国国家安全局的美国侦察局操控的一些卫星就是以此为地面接收站的。天线都隐藏在一些特色鲜明的白色天线罩下面，据说此基地是埃施朗系统的一部分。埃施朗系统的建立是为了监视20世纪60年代冷战时期，苏联及其东方盟国集团的军队和外交通讯。而自从冷战后，它又被用于搜索恐怖活动的蛛丝马迹、贩毒头目的计划和政治外交方面的情报。它同时也被报道涉嫌商业间谍，并且渗透所在国的所有电话和无线电通讯，这是对隐私的极端侵犯。

● 穿越北纬30°

北纬30°线贯穿四大文明古国,是一条神秘而又奇特的纬线。在这条纬线附近有神秘的百慕大三角、著名的埃及金字塔、传说中沉没的大西洲、世界最高峰珠穆朗玛峰……不管是巧合还是冥冥注定,北纬30°线都是一条能引起人们极度关注的地带。

民众为5·12汶川地震灾区群众祈福

坎坷崎岖 >

北纬30° 主要是指北纬30°上下波动5° 所覆盖的范围。在北纬30°，从古到今都是灾难深重的地带，地震、海难、火山和空难等时有发生。据史料记载，在我国的西藏地区共发生过大于8级的地震4次，7~7.9级地震11次，6~6.9级地震86次。1950年8月15日在藏东的察隅—墨脱发生过8.6级地震。苏联著名的地理学家奥圣多夫斯基教授于1931年在藏经中找到了惊人的发现。几千年前，在今天的巴哈马群岛、安纳利斯群岛以及墨西哥湾地区，一块巨大的大陆沉没了，但遗憾的是他没有找到当时的西藏。闻名于世的百慕大三角区，自从16世纪以来，这片神秘的海域共失踪了数以百计的船只和飞机。二战时期，在川藏这条北纬30° 线上，美军共损失468架军用飞机。2008年5月12日发生的四川省汶川县8.0级大地震震中也在北纬31°，离30° 很近。震及30° 的地方均被破坏。2010年4月14日发生在青海省的玉树7.1级地震中，北纬33.2° 的纬度也大概接近30°。与四川汶川地震相同，玉树地震的震源深度同样为14千米。

111

土地的秘密

神秘之处 >

    从地理布局大致看来，这里既是地球山脉的最高峰——珠穆朗玛峰的所在地，同时又是海底最深处——西太平洋的马里亚纳海沟的藏身之所。世界几大河流，比如埃及的尼罗河、伊拉克的幼发拉底河、中国的长江、美国的密西西比河，均是在这一纬度线入海。更加神秘莫测的是，这条纬线又是世界上许多令人难解的著名的自然及文明之谜的所在地。比如，恰好建在精确的地球陆块中心的古埃及金字塔群，以及令人难解的狮身人面像之谜，神秘的北非撒哈拉沙漠达西里的"火神火种"壁画、死海、巴比伦的"空中花园"，传说中的大西洲沉没处，以及令人惊恐万状的"百慕大三角区"，让无数个世纪的人类叹为观止的远古玛雅文明遗址，这些令人惊讶不已的古建筑和令人费解的神秘之地均汇聚于此，不能不叫人感到异常的蹊跷和惊奇。地球北纬30°线常常是飞机、轮船失事的地方，人们习惯上把这个区域叫作"死亡旋涡区"。除了令人惊恐的百慕大，还有日本本州西部、夏威夷到美国大陆之间的海域、地中海及葡萄牙海岸、阿富汗这5个异常区。除了北纬30°线，在地球南纬

TU DI DE MI MI

112

30°线上也同样有5个异常区。细心的人们在把这10个异常区在地球上一一标注以后，惊奇地发现它们在地球上几乎是等距离分布的，如果把这些异常区互相连接，整个地球就会被划成20多个等边三角形，每个区域都处在这些等边三角形的接合点上。这些暗藏危险的三角区域大都处在海洋水域，在海水运动上表现为一种大规模的旋涡。那里的海流、旋涡、气旋、风暴、海气，再加上磁暴的作用，都要比其他地区剧烈，而且这些大规模的海洋运动一直频繁交替出现，因此给人类带来特别巨大的灾难以及隐痛与不安。

如果将北纬30°线上下各移动5°左右，我们再次吃惊地发现，在北纬35°线附近，是令人恐怖的地震死亡线。这一地区发生的灾难性地震，死亡在2000人以上或者震级在7级以上的就达几十次，如日本大陆的地震达到8级、葡萄牙里斯本两次8级地震、土耳其埃尔津登的8级地震、美国旧金山的8.3级地震、意大利拉坦察的9.8级地震、中国四川汶川的8.0级地震……在北半球这两条相邻的纬度线，为什么会成为一个令人费解、怪事迭出、祸患隐忧、灾难频仍的神秘地带？它

113

们是偶然巧合,还是造物主的有意安排,抑或是受人类暂不可知的某种力量主宰?猜测和假想不断地提出来,又不断地被否定,但飞机和船只还在不断地失事。在地球北纬35°线上,有伊斯兰教、佛教、印度教、基督教的圣地,有猿人化石发现地中国元谋,有百慕大三角洲和沉没的大西洲……北纬30°线光怪陆离、频繁复杂的神秘现象多少影响了我们的视角和思维,这不是一条简单的人为划分的地球纬线。我们从恰好建在地球大陆重力中心的古埃及金字塔开始我们探索地球的神秘之旅。

金字塔的选址绝不是一个偶然,金字塔背负着太多的难解之谜,尽管经历了几个世纪的艰苦探索,但我们仍旧知之甚少。金字塔据说是公元前2551年开始建造的。可它是怎样建成的,没有人确切地知道,也没有一个工匠、祭司、建筑师或者法老,就金字塔的建筑留下只言片语。金字塔的建成似乎正是为了塑造一个永恒的谜,也许有一天当人们真正能全部破译出一直困扰人类的种种谜团之后,人类就找到了通向外宇宙的通天之塔,而斯芬克斯之谜也将迎刃而解了。

· 长江断流

公认 6300 千米，目前实为 6211.3 千米的中国长江，历史上记录了它两次突然枯竭的史实，令人费解不已。公元 1342 年，江苏省泰兴县（现在泰兴市）内，千万年从未断流的长江水一夜之间忽然枯竭见底，次日沿岸居民纷纷下江拾取遗物。突然江潮骤然而至，淹死了很多人。1954 年 1 月 13 日 16 时许，这一奇怪现象在泰兴县再度出现。当时，天色苍黄，江水突然出现枯竭断流，江上的航轮搁浅，历经两个多小时，江水汹涌而下……

目前有专家认为长江的断流与板块的运动（板块"呼吸运动"）有关，而断流的地方可能就是要被"暂时隆起"的地方，所以江水暂时断流了，但当板块之间的力"放松"下来的时候，地面又恢复了原样。

• 千古迷窟

在安徽省黄山市新安江屯溪段下游南岸连绵群山中，林木葱郁，环溪矗立的山间有36座（处）古石窟，洞中空间奇大，结构怪异，有的层层叠岩，洞中套洞；有的水波荡漾，迂回通幽；有的石柱擎天，奇幻神秘。洞中无壁画、无佛像、无文字。其中被命名为35号的石窟，洞深170米，面积1.2万平方米，仅掘出的十几万立方米石料，就足以铺就成一条由黄山市通往杭州市的公路。

• 鄱阳湖"魔鬼三角"

1945年4月16日，2000多吨级的日本运输船"神户丸"行驶到江西鄱阳湖西北老爷庙水域突然无声无息地失踪（沉入湖底），船上200余人无一逃生。其后，日本海军曾派人潜入湖中侦察，下水的人中除山下堤昭外，其他人员全部神秘失踪。山下堤昭脱下潜水服后，精神恐惧，接着就精神失常了。

抗战胜利后，美国著名的潜水专家爱德华·波尔一行人来到鄱阳湖，历经数月

千古迷窟

的打捞仍一无所获，除爱德华·波尔外，几名美国潜水员再度在这里失踪。

过去了40年后，爱德华·波尔终于向世人首次披露了他在鄱阳湖底失魂落魄的经历。他说："几天内，我和3个伙伴在水下几千米的水域内搜寻"神户丸"号，没有发现一点踪迹。这一庞然大物究竟在哪里？正当我们沿着湖底继续向西北方向寻去时，忽然不远处闪出一道耀眼的白光，飞快向我们射来。顿时平静的湖底出现了剧烈的震动，耳边呼啸如雷的巨响隆隆滚来，一股强大的吸引力将我们紧紧吸住，我头晕眼花，白光在湖底翻卷滚动，我的3个潜水伙伴随着白光的吸引逐流而去，我挣扎出了水面……"

• "巴别"通天塔

地处幼发拉底河东岸的巴比伦城，距伊拉克首都巴格达南约 100 余千米。这里矗立着一座年岁久远的"巴别"塔，当地人称之为"埃特曼南基"，意为"天地的基本住所"。但是，为什么要建造通天塔呢？它是奴隶制君主的陵墓，还是古代的天文观测之地？至今没有人能回答。

• 三番五次骚扰的怪火

在江西鄱阳湖畔的鄱阳县（原为波阳县）莲湖乡朱家村，村民朱满善、朱松善家里无缘无故地不断发生火灾，火星红色，线型走状，每次起火都很奇怪，易燃的东西没烧着，难燃的物体偏偏着火，而且火势无论多大，每次浇上一点水即灭，1995 年 3 月 23 日至 4 月 6 日，朱家已发生大大小小不明原因的火灾 20 多起。

118

• 原始部落神殿遗址

　　在黎巴嫩巴尔别克村，有一个原始部落遗址，它的外围城墙是用3块巨石砌成，每块都超过1000吨，即100万千克，其中仅一块石头，就可以建造3幢高5层、宽6米、深12米的楼房，且墙厚度达30厘米。这3块巨石在当时怎样运来的，有谁知道？

• 那不勒斯"死亡谷"

　　在意大利的那不勒斯和瓦勒尔湖附近，有两处"死亡谷"，只危及飞禽走兽，而对人的生命却没有威胁。每年在上述"死亡谷"丧命的各种动物达3万多。

• 比萨斜塔千年不倒

　　坐落在意大利北部佛罗伦萨市的比萨斜塔至今已有 800 多年历史。此塔建至一半以上高度时就开始倾斜，斜度为 1.2 至 1.5 米，已饱经风霜 800 余年，有望创下"千年不倒"甚至"万年健在"的纪录。

• 马耳他岛上的轨迹

面积为 316 平方千米的地中海中部岛国马耳他，有一条奇特的轨迹，凹槽深度达 72 厘米，一直延伸到地中海中深达 42 米的地方，说它是车轨吧，但它又显示出明显不同的辙印，从古到今，产生过关于轨迹的 20 多种猜想，无一能成立。

• 加州"死亡谷"

在美国加利福尼亚州与内华达州毗邻的山中，也有一条长达 225 千米，宽度在 6 至 26 千米，面积达 1400 平方千米的"死亡谷"，峡谷两侧悬崖峭壁，异常森严。1949 年美国有一支寻找金矿的勘探队因迷失方向而误入此谷，几乎全军覆没。有几个人侥幸脱险爬出，之后不久也不明不白地死去。此后，也曾有多批探险人员前去揭谜，除大多数葬身此谷外，幸存者也未能揭开这个谜，令人不可思议的是，这个地狱般的"死亡谷"竟是飞禽走兽的"极乐世界"——200 多种鸟类、10 多种蛇、7 种蜥蜴、1500 多种野驴等动物在那里悠然自得，逍遥自在。

• 百慕大魔鬼三角区

百慕大是一个奇怪的地方。在这里不明不白失事的飞机多达数十架，轮船 100 多艘，不仅如此，百慕大还出现过许多穿越时间隧道失踪而又突然出现，且"使人年轻"的传闻。

在全球，当人们一提到百慕大，就会感到毛骨悚然，一个科学团体认为此处可能有一个巨大的陨石。据研究，约 1500 年前，有一个巨大的陨石从太空飞来，掉入大西洋。这块大陨石犹如一个大黑洞，具有极大的吸引力，连光线也能吸引进去，何况飞机、轮船。墨西哥半岛上的伯利兹也曾经飞落过一颗陨石，摧毁了地球上万物生灵，其尘埃在地球上空弥漫 10 年之久。百慕大离伯利兹不远，是否是受双重影响也不得而知。

如果陨石造成百慕大魔鬼三角区的论点成立的话，那么北纬 30° 一线附近的种

种怪异现象是否也可用陨石论的观点来解释。

西方著名科学家赫尔比格曾提出过一个令人惊叹的理论，地球在其 46 亿年的历程中，先后捕获了 4 颗卫星，即 4 个月亮。这 4 个月亮恰好跟地球的 4 个地质年代相符合，同地球 4 次大变动相印证。我们今天看到的月球是地球的第 4 颗卫星，前 3 颗由于在运行中离地球太近，最后都坠落了。在坠落到地球赤道偏北附近 3 个

地方之前，它们发生了爆炸，摧毁了世界上万物之灵，地球变形了，形成了太平洋、印度洋和大西洋，3 颗月亮落地中心除印度洋以外，其他 2 颗硕大的月球都是在北纬 30° 附近，不仅形成了三大洋，其地球内部地核结构也发生了剧烈的变化，使地球自转和绕太阳公转的轨道均呈倾斜。

日本龙三角区

千百年来，在人们的内心深处潜藏着对浩瀚海洋的畏惧。尽管人类进入文明社会后有无数的船只航行在大洋之上，但直到今天仍然有两个海域令航海者们谈之色变，其中一个是尽人皆知的"魔鬼百慕大"，而另一个的名气虽没有前一个大，但它的"杀伤力"绝不逊于前者。在这里，船只神秘失踪、潜艇一去不回、飞机凭空消失……令这片海域拥有了"太平洋中的百慕大三角"的恶名，被称为"最接近死亡的魔鬼海域"和"幽深的蓝色墓穴"。它就是尚不为人所知的——日本龙三角。

自 20 世纪 40 年代以来，无数巨轮在日本以南空旷清冷的海面上神秘失踪，它们中的大多数在失踪前没有能发出求救讯号，也没有任何线索可以解答它们失踪后的相关命运。如在地图上标出这片海域的范围，它恰恰是一个与百慕大极为相似的三角区域，这就是令人恐惧的日本龙三角。

125

• 美国小镇的 "魔幻森林"

怪事频发的神秘地带：在北纬 30° 附近的美国加利福尼亚州旧金山的圣塔柯斯小镇西郊，有一块被森林包围着的弹丸之地。在那里发生的奇异现象一度让人怀疑地心引力的存在，地球重力场在该地的异样存在，带给科学家很多困惑。

• 人忽高忽低

在 "魔幻森林" 的入口处，有两块长约 50 厘米、宽约 20 厘米的石板，这两块石板仅相距 40 厘米左右。表面上这两块石板与普通石板并无差异，可人一旦站上去，其中一块石板能使人显得更高大，另一块石板却使人显得又矮又胖。而用水平测量的结果是两块石板同处于一个水平面上。

• 树向一边倒

"魔幻森林" 中有一条坡度极大的羊肠小道，奇怪的是小道周围的树木都朝一个方向倾斜，游客行走在小道上，身体倾斜度几乎与小道斜坡平行，行人低头看不见自己的双脚，却能稳步向前行走。森林中有一间小木屋，人一旦进入小屋，身体都会自动向右倾斜，无论怎么努力，都无法将身体挺直。小木屋的一侧有一块向外伸展的木板，无论从哪个角度看去，木板都是倾斜的。可是当游人把高尔夫球放在木板上时，球却不向下滚，反而向上滚；如果用手将球推离木板，球不会垂直而落，而是沿着木板倾斜的方向掉下来。人在壁上走。在小木屋里，人们可以在没有任何辅助工具的情况下，安然地站在房子的板壁上，甚至可以毫不费力地在板壁上自由自在地行走。如此的飞檐走壁术，即使是训练有素、身怀绝技的杂技演员也望尘莫及。

> **北纬30°上的国家**

自西向东依次为：

非洲：摩洛哥、阿尔及利亚、利比亚、埃及

亚洲：以色列（巴勒斯坦）、约旦、沙特阿拉伯、伊拉克、科威特、伊朗、阿富汗、巴基斯坦、印度、尼泊尔、中国、日本

北美洲：墨西哥、美国

图书在版编目（CIP）数据

土地的秘密／刘晓玲编著 . —长春：北方妇女儿
童出版社，2016. 2（2021.3重印）
（科学奥妙无穷）
ISBN 978 - 7 - 5385 - 9727 - 1

Ⅰ.①土… Ⅱ.①刘… Ⅲ.①自然地理 - 世界 - 青少
年读物 Ⅳ.①P941 - 49

中国版本图书馆 CIP 数据核字（2016）第 007770 号

土地的秘密
TUDI DE MIMI

出 版 人　刘　刚
责任编辑　王天明　鲁　娜
开　　本　700mm×1000mm　1/16
印　　张　8
字　　数　160 千字
版　　次　2016 年 4 月第 1 版
印　　次　2021 年 3 月第 3 次印刷
印　　刷　汇昌印刷（天津）有限公司
出　　版　北方妇女儿童出版社
发　　行　北方妇女儿童出版社
地　　址　长春市人民大街 5788 号
电　　话　总编办：0431 - 81629600

定　　价：29. 80 元